WAS IST WAS

学习源自好奇 科学改变未来

第一辑·全10册

第二辑·全10册

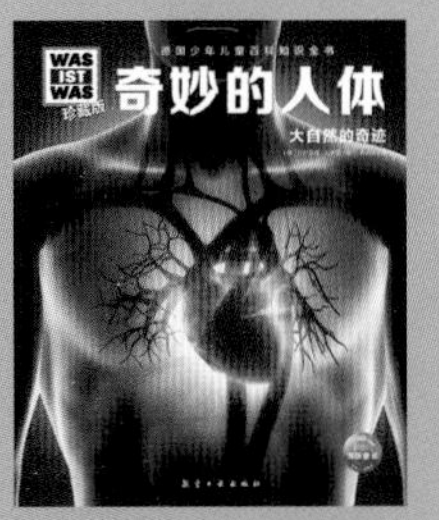

太空之旅

深入宇宙的探险

第三辑·全10册

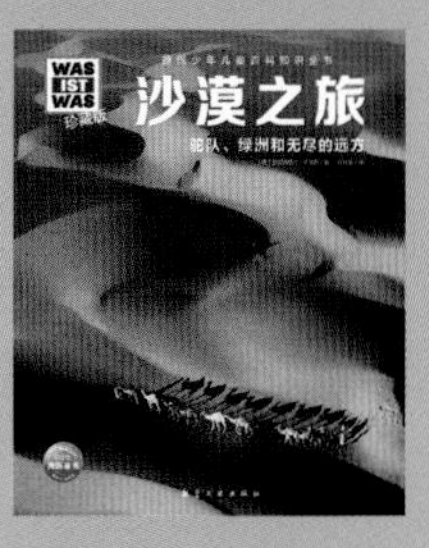

第四辑·全10册

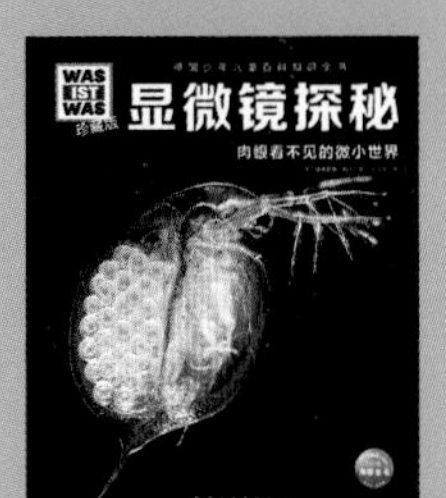

第五辑·全10册

第六辑·全10册

第七辑·全8册

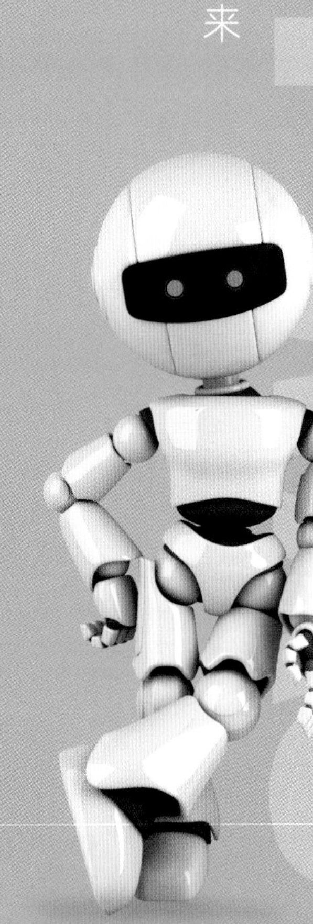

鲨鱼家族

海洋里的凶猛猎手

[德]曼弗雷德·鲍尔/著　王荣辉/译

航空工业出版社

方便区分出不同的主题！

真相大搜查

16

不同种类的鲨鱼有不同的猎食方式。尽管狮子鱼身上有毒刺，这条加勒比礁鲨还是想吃下它。

16 鲨鱼的生态

符号箭头▶
代表内容特别有趣！

你将会惊叹，各种鲨鱼在外观与体形上竟有如此大的差异。

6

4 什么是鲨鱼？

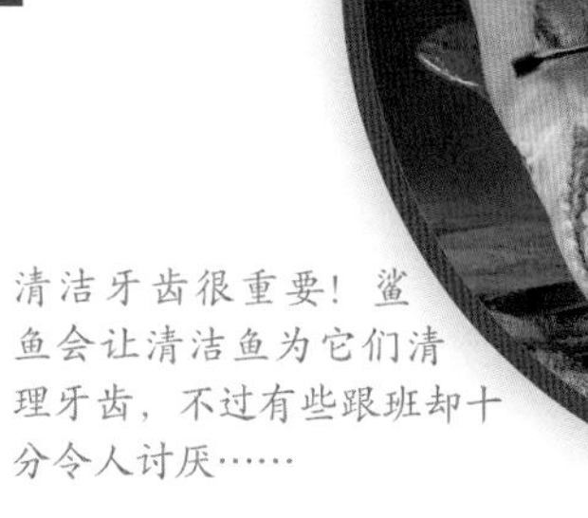

清洁牙齿很重要！鲨鱼会让清洁鱼为它们清理牙齿，不过有些跟班却十分令人讨厌……

体形巨大的大白鲨可以说是恶名昭彰。在好莱坞电影的渲染下，它们在世人心目中始终无法摆脱恶棍的形象。

30 近身观察鲨鱼

38 鲨鱼的亲戚

38 这些扁平的鱼类是鲨鱼的亲戚，它们可以在水里或水上优雅地滑翔。

42 鲨鱼与人类

46 专访：橡胶潜水衣尝起来是什么滋味？鲨鱼又是如何看待人类的呢？

48 名词解释

重要名词解释！

鲨鱼专家 桑德拉·贝苏多

准备好要启程了！桑德拉·贝苏多必须航行30多个小时才能抵达马尔佩洛岛。

桑德拉·贝苏多十分喜爱鲨鱼，尤其是马尔佩洛岛的双髻鲨（又称锤头鲨）。马尔佩洛岛是太平洋上的一座火山岛，位于距哥伦比亚500多千米远的外海，许多路氏双髻鲨都会聚集到这座岛的水下大陆架。今天，这位哥伦比亚籍的海洋生物学家将搭船前往这里的鲨鱼大本营，与她同行的是来自比利时的佛烈德·波伊勒，他是一位世界顶尖的自由潜水专家，在不携带任何水下供氧设备的情况下，可以深潜至鲨鱼出没的地方，进而将电子标记安装到鲨鱼身上。桑德拉想借此了解这些害羞的动物究竟如何迁徙。如果要有效地保护鲨鱼，搜集这些资料极为重要。

为何要保护鲨鱼？

马尔佩洛岛周围的海域盛产鱼类，不仅吸引鲨鱼前来，当地的渔民也会来这里捕鱼。所以除了一般的鱼类，渔民的渔网也经常会捕获鲨鱼。为了避免鲨鱼无谓的牺牲，桑德拉一直努力争取更大面积的保护区，保护区内将禁止任何渔作行为。问题是，保护区必须多大才合理？什么地方才是这些鲨鱼真正的栖息地？它们的迁徙路线又是如何呢？为了解答这些关键性的问题，佛烈德·波伊勒特地前来助桑德拉一臂之力。和桑德拉一样，他也是位倡导爱护鲨鱼的人士。现在，他已经准备好要下潜到那些鲨鱼的身边了！

在鲨鱼身上做标记

在微微摇晃的小船上，佛烈德·波伊勒穿上潜水鞋、戴上潜水镜，接着便“扑通”一声跃入水里。他的手里握着一支鱼叉，鱼叉末端装有电子标记，这个电子标记是一块芯片。桑德拉早就在马尔佩洛岛附近设置了水底感应站，只要那些被标记的鲨鱼游经感应站，它便会接收到讯号。佛烈德身手矫健，他无声无息地下潜，并且小心翼翼地寻找鲨鱼。他知道鲨鱼躲藏的地点，打算在那里追踪它们，进而将标记安装到它们的背鳍上。佛烈德沿着火山的水下大陆架潜行一会儿，果真发现一条双髻鲨，于是用鱼叉将标记射向这只鲨鱼的背鳍，这一下并不会让鲨鱼感到剧痛，相反的，它将拯救无数的鲨鱼。大功告成后，佛烈德·波伊勒满意地缓缓游回水面。

仅凭一副潜水镜与一双潜水鞋就能追踪鲨鱼！潜水员佛烈德·波伊勒准备好要潜水了。

海底乐园

稀稀疏疏的珊瑚覆盖着火山岩，许多热带鱼类悠游其间。沿着陡峭的斜坡，不断有富含养分的海水从海底被带往表层。

不论是在陆上或海里……

桑德拉·贝苏多总是全力以赴，为这些鲨鱼及马尔佩洛岛周围的所有海洋生物奋战，因为唯有在有鲨鱼的地方，其他的鱼类才能够兴盛繁衍。马尔佩洛岛一带的海域，在这方面扮演了十分重要的角色，因为这里是各种鱼类的育婴房，海域布满了许多可供藏身的岩洞，许多鱼都会来这里产卵，利用这些天然屏障保护后代成长。此外，这里不断会有富含养分的水流从海底流向海面，食物来源非常充足。然而，唯有在鲨鱼控制住其他掠食者数量的情况下，这些幼鱼才能广泛地顺利成长。明白这一点的人，才能够理解为何鲨鱼必须受到保护。所以桑德拉总是不厌其烦地再三邀请渔夫与她一起潜水，好让他们领略那多姿多彩的鱼类及双髻鲨的海底世界之美。她希望能让人明白，这里蕴含着大家必须共同守护的宝藏。借助这些与鲨鱼迁徙路径有关的资料，她希望最终能说服那些政治人物，将她提出的保护区一直推行下去。

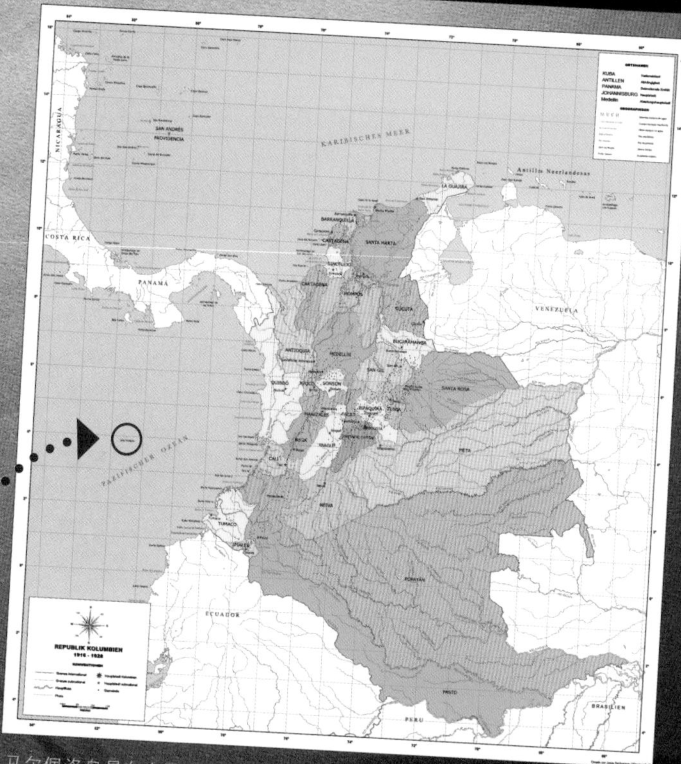

马尔佩洛岛是东太平洋里的一座孤岛，由于这里渔产丰富，总会吸引许多大型鱼类前来。遗憾的是，渔民也会跟着来。

马尔佩洛岛：一座近 4000 米高的火山冒出海平面，外表看起来就像一座岩石岛。

不冒任何气泡且像鱼一般优雅：佛烈德·波伊勒正与一条鼬鲨四目相对。佛烈德不仅深谙鲨鱼的肢体语言，而且对它们怀有高度的敬意。这条鼬鲨似乎同样也懂得尊敬它的对手。

鲨鱼的类型

有些鲨鱼的体形很小，有些则极为巨大；有些鲨鱼相当扁平，有些则圆滚滚的；有些鲨鱼是银灰色，有些则是蓝色或棕色；有些鲨鱼身上有条纹，有些布满斑点，有些甚至有颗奇形怪状的头。早在恐龙崛起之前，鲨鱼就已经存在于地球上，在过往数百万年的岁月里，它们分别适应了各种极端的生活环境，因此有的鲨鱼是这个样子，有的却长成那个样子。目前有 400 多种不同的鲨鱼生活在地球上。

象鲨

这条鲨鱼可不是在打呵欠，它其实是正在进食。象鲨经常会游到离水面较近的地方，在这里滤食浮游生物。

短尾真鲨

短尾真鲨拥有极富流线型的躯体，一般人对鲨鱼的印象就是这个样子。

扁鲨（别名：天使鲨）

扁鲨的外形和鳐相似。和其他的海底“居民”一样，扁鲨有着强壮而扁平的身体。

须鲨

须鲨拥有流苏状的触须，大多数时间都平贴海底，在和善的伪装下，它们好整以暇地等待猎物自己送上门来，接着便一口将它们吞下。

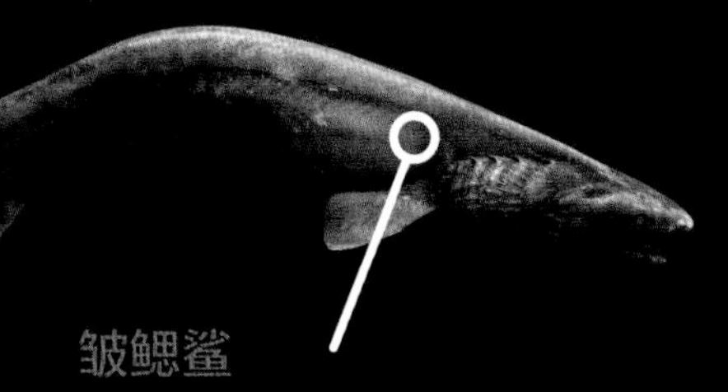

皱鳃鲨

皱鳃鲨是幽暗深海里的居民，它们是少数拥有 6 对鳃裂的鲨鱼，一般鲨鱼只有 5 对鳃裂。

鲸 鲨
鲸鲨最大可长达20米，是地球上最大的鱼类之一。这些温和的大块头对人类完全无害。
欧氏尖吻鲨
多么特别的鼻子啊！它们会不会因此而羞于见人呢？幸好它们是住在几乎不见天日的深海里。
大白鲨
令人毛骨悚然！大家都怕它们，尤其是那恐怖的牙齿。大白鲨可长达6米以上。
白斑角鲨
鲨鱼比其他鱼类来得长寿，如果幸运的话，白斑角鲨甚至可以活超过70年。
雪茄达摩鲨（别名：雪茄鲛）
雪茄达摩鲨的身体最长50厘米，是鲨鱼界的小不点。
葡萄牙角鲨
葡萄牙角鲨喜欢栖息在海洋的深处，人们可以在水下270米至3600米深处发现这种鲨鱼。

鲨鱼的身体构造

目前有400多种不同的鲨鱼徜徉在世界各地的海洋。侏儒鲨只有20到25厘米长，某些鲸鲨可长达20米。鲭鲨的身体极具流线型，它们游起泳来迅捷如鱼雷，相反的，身型扁平的须鲨总是懒洋洋地趴在海底。尽管各式各样的鲨鱼在外形、大小与习性上互有差异，可是它们的基本构造却完全相同。

柔软而强韧

鲨鱼虽然是鱼类，但没有像硬骨鱼那样的骨头。鲨鱼的骨架仅由一条脊柱组成，鲨鱼的脊椎也并不是由坚硬的骨头构成，而是柔软、可弯曲的软骨。鲨鱼和它的近亲鳐鱼、银鲛一样，全都属于软骨鱼家族。鲨鱼在追捕猎物时得耗费相当多的体力，它们的骨骼也必须承受极大的压力，因此在它们的脊柱、腭骨及包覆着大脑的脑壳里，会蓄积能够增加软骨强度的矿物质。

让我看看你的尾鳍……

这样我就能告诉你，你的速度有多快。对鲨鱼而言，尾鳍就好比汽艇的螺旋桨，鲨鱼会借由横向来回摆动尾鳍制造推进的动力，准确地说，鲨鱼其实是用整个身体在水中蜿蜒前进。鲭鲨拥有一个很大的尾鳍，所以在水中活动起来格外的迅速，在各式各样的鲨鱼当中，它们以每小时75千米的游速独占鳌头。在高速冲刺下，它们甚至可以跃出水面6米高！至于那些速度较慢的鲨鱼，尾鳍的下叶往往已经不明显了。

尾鳍可提供鲨鱼在推进时所需的动力。一般来说，为了避免下沉，大部分的鲨鱼都必须不断来回游动，这些迅捷的猎手格外倚赖它们的尾鳍。

在水里呼吸

鲨鱼属于鱼类，具有鳃，在它们的头部后方两侧，通常各有5个鳃裂。鲨鱼会借由鳃裂进行呼吸。它们会将水压进鳃裂，当水流经鳃裂时，水中的氧气会溶入它们的血液里，二氧化碳则随着水排放出去，因此大多数鲨鱼必须不停地游泳。不过，有些种类的鲨鱼可以主动将水吸进嘴里。

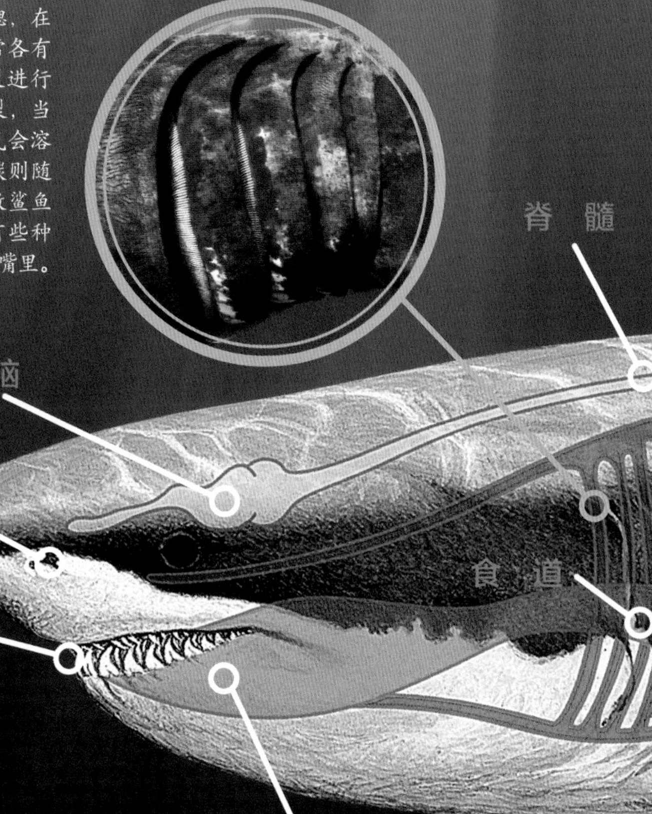

牙齿

鲨鱼的牙齿会不断更新，如果掉了一颗牙，后排的新牙便会立刻往前递补。

你知道吗？

鲨鱼的肝脏不仅在消化与解毒方面扮演着重要的角色，还为鲨鱼提供所需的浮力，使它们免于下沉。不同于大多数的硬骨鱼都具备一个可以充气的鱼鳔，鲨鱼并没有这样的器官，鲨鱼凭借的是储存在肝脏里的比水轻的油。

其他鲨鱼鳍

胸鳍主要负责控制方向。在操作得宜的情况下，鲨鱼不仅可以来个紧急刹车，更可以灵巧地侧身而过。此外，对鲨鱼而言，胸鳍就好比飞机的机翼，可以为它们提供所需的浮力。至于背鳍，则可以帮助鲨鱼在水中稳定身体，避免身体陷于摇摆不定的状况。

具备热交换器的鲨鱼

包括大白鲨、鲭鲨与狐形长尾鲨在内的许多鲨鱼，都能让自己的体温维持在明显高于四周海水的状态，这是因为它们是采用回流的血液循环方式。鲨鱼体内的特殊肌肉组织可以发挥如热交换器般的作用，能将热量长时间保留在体内，正是由于鲨鱼的运转体温较高，因此它们的反应速度可以比较快，就这一点来说，鲨鱼比其他冷血的鱼类更具有优势。

能让鲨鱼在游动时保持稳定，避免身体左右摇晃。

鲨鱼皮

不同于硬骨鱼身上的鱼鳞，鲨鱼浑身布满了微小而坚硬的皮棘。这些细齿或盾鳞，使得鲨鱼的皮肤粗糙得像砂纸。这些小牙齿多半具有纵向凹槽，彼此密密麻麻地交互排列着。在实验中可以发现，如此粗糙的表面能有效降低水的阻力，因此现在有些飞机制造商打算在飞机的表面覆上人造鲨鱼皮，这样就能省下不少的燃料。

肝 脏

肾 脏

第二背鳍

胰 脏

肠

螺旋瓣

这些螺旋状的肠道皱褶可以增加肠子的表面积，让鲨鱼更容易消化。

腹 鳍

臀 鳍

尾 鳍

它能提供鲨鱼前进所需的动力。

胸 鳍

胸鳍的作用就犹如船只的舵，能帮助鲨鱼灵活地行动。此外，胸鳍还能提供鲨鱼所需的浮力。

远古的鲨鱼

从四亿二千多万年前起，世界上就开始有了鲨鱼的踪迹。我们是从何得知的呢？无非是借由鲨鱼石化的骨骼与牙齿明白这一切。在研究过这些化石之后，科学家们发现，早在远古时期，鲨鱼就已具备了由软骨所构成的灵活骨骼以及可以不断替换的牙齿。然而，它们并没有鱼鳔。以这些远古的鲨鱼为基础，日后逐渐演化出第一批具备“现代构造”的鲨鱼，这批鲨鱼曾经徜徉在三亿五千多万年前的海洋里。换句话说，早在恐龙崛起之前，它们就已经活跃在这个星球上。

旋齿鲨的相貌可能就像图中这样。这种体长大约10米的鲨鱼，曾经活跃于距今约2亿8千万至2亿2千5百万年前的海洋。它们的嘴部有个奇特的锯齿状螺旋，上头排列了超过180颗的牙齿。迄今为止，专家学者们仍然猜不出，这种鲨鱼究竟是如何利用它们独特的“圆锯”的。也许你会有不错的见解！

虽然体形巨大的恐龙在距今约6500万年前的一场浩劫中彻底灭绝，但鲨鱼不仅挺过了那场巨变，甚至还一直存活至今天。由此可以证明，在生物史上，鲨鱼的构造确实是极为成功的；在演化方面，鲨鱼也可以说是表现十分杰出的楷模！

远古的化石：与如今的鲨鱼一样，远古的鲨鱼也具有软骨构成的骨骼。可惜的是，在鲨鱼死后，它们的软骨会迅速分解，得以形成化石的骨骼十分罕见，鲨鱼的化石也因此相当稀少。

胸脊鲨最大可达两米长，它们曾活跃于距今约三亿六千多万年前的海洋。它们的背鳍近似铁砧的形状，这么奇特的背鳍究竟有什么作用呢？也许是用来吸引异性。其铁砧状的背鳍上，还分布着类似牙齿的鳞片。此外，在胸鳍的后方有一根长长的刺，这肯定会让掠食者难以下咽。

巨齿鲨的牙齿：和这颗牙齿相比，大白鲨的牙齿简直就像老鼠的牙。

一直到距今150多万年前，地球上都还有巨齿鲨的踪迹。不过相对来说，人类与巨齿鲨一直无缘相遇。

猛力一咬

巨齿鲨是从古至今曾发现的体形最大的鲨鱼，在距今200多万年前，世界各地的海洋里都能见得到它们的身影，无论是在欧洲、美洲或大洋洲，甚至是非洲，都曾发现过它们的化石。根据那些石化的牙齿与脊椎，古生物学家推断，巨齿鲨大概有19米长，它们强劲的咬合力甚至可以咬碎一辆小轿车。这些巨兽不但拥有尖锐的牙齿，更具备了利于猎食的敏锐感官。它们可以在很远就听到或闻到猎物，不仅如此，它们还有一项厉害的秘密武器，那就是它们可以感受到动物身上所发出的电波。

巨齿鲨的主要猎物很可能是海豹、海豚或鲸鱼之类的海洋哺乳动物，有些学者甚至发现过带有疑似巨齿鲨咬痕的鲸鱼骨化石。面对体型巨大的鲸鱼，巨齿鲨还是可以一击得手。突袭猎物，借此让猎物受伤，从而陷于虚弱，这便是它们惯用的伎俩。为了让自己在狩猎的过程中尽可能不受伤，巨齿鲨在发动首波攻击后便会暂时撤退，它们会先观望一阵子，再展开新一波的攻势。直到今日，大白鲨依然沿用这套方法来猎食。

巨齿鲨的牙列：有这样一口牙的家伙，胃口也很惊人。就连鲸这种庞然大物也在巨齿鲨的菜单之列。

不同的牙齿，不同的品味

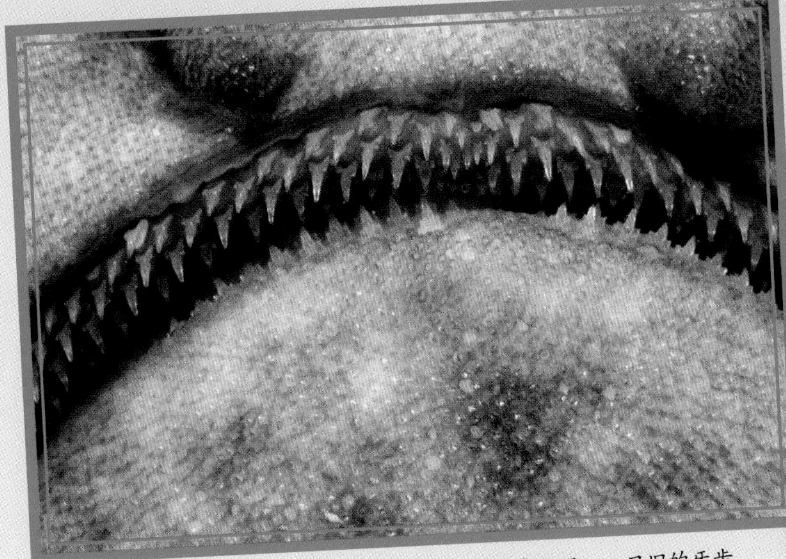

无数的牙齿：宛如流水线一般，新的牙齿早已经准备好了。一旦旧的牙齿脱落，下一颗牙齿便会往前递补。

不同种类的鲨鱼不仅在相貌与体形上有所差异，就连饮食习惯也是千差万别。依照它们所喜欢的食物种类，鲨鱼演化出了各式各样适合自己进食的牙齿。有些鲨鱼的牙齿着实大到令人害怕，例如大白鲨，它们的牙齿可以用来将猎物的肉撕裂。有些鲨鱼则拥有一口细长的尖牙，主要是用来刺穿猎物的躯体，以便将到嘴的美食牢牢抓住。至于那些喜欢待在海底，在海床的沙里翻找甲壳类、贝类或海胆为食的鲨鱼，则需要核桃钳般的牙齿，借以撬开猎物的坚硬外壳，这样才有办法咽下美味。

无止境替换的牙齿

鲨鱼不会有缺齿的毛病，只要咬坏了某颗牙齿，很快会有新的牙齿替补。在鲨鱼的嘴里，会有数排全新的牙齿在后排备用，一旦前排的牙齿脱落，后头的牙齿会往前递补，因此有人戏称鲨鱼的牙齿为“左轮手枪牙”，它们的牙齿补给可以说是源源不绝。某些鲨鱼一生当中，前前后后总共可长出将近3万多颗牙齿。

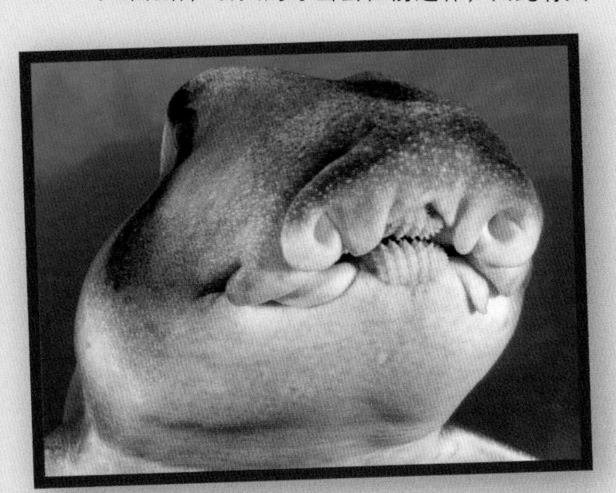

这看起来一点儿也不像牙齿，但它们却如假包换。澳大利亚虎鲨两颚上的前端有许多的小牙齿，可以利用它们来捕捉海胆或甲壳类动物。而利用两颚后方那些较平、较大的臼齿，可以进一步撬开猎物的壳。

大鲨鱼拥有大牙齿？

现已绝种的巨型鲨鱼——巨齿鲨，具有近20厘米长的超大牙齿。虽然大白鲨的牙齿只有巨齿鲨的一半，但已足以让大白鲨从海豹身上撕咬下大块的肉。

耐人寻味的是，现存体形最大的鲨鱼——鲸鲨，它的牙齿是所有鲨鱼当中最小的，到目前为止，人们还是不太了解，它们究竟是如何使用牙齿的。因为它们既不必去刺穿鱼类，也不必从大型海洋动物身上咬下肉块。鲸鲨是滤食性动物，它们自在地徜徉在海洋里，借助自己的鳃耙从水里过滤小型生物。

锥齿鲨用长长的尖牙抓住猎物，然后将其囫囵吞下。

长满牙的大嘴：在大白鲨的嘴里，最前排的牙齿大概就有 50 颗。由于有左轮手枪一般源源不绝的候补牙齿，它们完全不用担心会没有新牙。

左轮手枪牙

当久经使用的牙齿脱落后，后排的牙齿便会往前递补。

候补选手：多排新牙已准备好要替代脱落的旧牙。

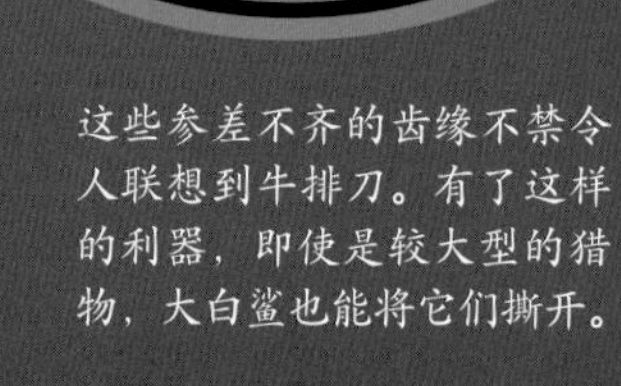

这些参差不齐的齿缘不禁令人联想到牛排刀。有了这样的利器，即使是较大型的猎物，大白鲨也能将它们撕开。

舒服的牙齿保养：有只清洁鱼正在为鲨鱼清理牙齿。

鲨鱼的敏锐感官

凭借着身上各式各样灵敏的感官，鲨鱼可以说是无时无刻不在接收讯息。体侧线位于鲨鱼身体的两侧，从头部一直延伸到尾部末端。

猎物躲在哪里？哪里有同伴在等着我？要如何在茫茫大海中找出正确的方向？基本上，这些对鲨鱼而言根本不会构成问题，因为漫长的演化过程为它们配备了带有高灵敏度感应器的超级感官。对此，人类只能望而兴叹！

增强光线

鲨鱼的眼睛多半长在头部的两侧，但是那些生活在海底的鲨鱼，眼睛则位于头部的上方。在众多的鲨鱼当中，双髻鲨的两只眼睛离得特别远，分别位于锤型头部的两端，这提供了它们良好的全方位视觉。

鲨鱼在昏暗的环境里也能看得一清二楚，这得归功于俗称“照膜”的反光组织，这层组织就紧贴在视网膜的后方，能将穿过视网膜的光线反射回视网膜上，让视网膜上的感光细胞再度受光线刺激。反光组织的作用就好比是一部光线增强器，这也是为何鲨鱼的眼睛在受到光线照射时会呈现绿色或黄色的原因。这与猫眼的情况相类似，它们同样以拥有好视力闻名。鲨鱼在动口咬猎物之前，往往会先将眼睛转向后方，或是用瞬膜盖住眼睛，如此一来，即使遭遇猎物顽强反抗，也不至于会伤及自己的眼睛。

远端触觉

所有鲨鱼的身体两侧都具有体侧线，而且从头部一直延伸至尾部末端。由于体侧线是位于皮肤底下，因此从外部看不出来。体侧线是一种充满胶质的通道，透过细微的孔洞与表皮相互联结，这些胶质会将周围海水的压力波传给灵敏的感官细胞。如此一来，鲨鱼便能察觉那些从它们身边游过或因受伤而陷于颤抖的猎物。体侧线是一种远端触觉器官，让鲨鱼可以确认鱼群往哪个方向游动。除此之外，鲨鱼的身体还布满红外线感应器官，鲨鱼可以利用它们记录水流等力学性的刺激。不仅如此，在鲨鱼的表皮上还布满无数可以侦测压力与温度的感应器。总体来说，鲨鱼的表皮可以说是装设了一层又一层的感应器。

在海底深处尝鲜

栖息于海底的鲨鱼往往在嘴部四周长有触须，利用触须的感应，这类底栖性的鲨鱼甚至可以找到那些躲藏在沙子底下的猎物。

嗅出血腥味

鲨鱼对某些物质的嗅觉比人类要灵敏千万倍。它们可以在数百米外就准确嗅出猎物所在的位置。在鲨鱼嘴部上方的鼻孔里，分布有许多嗅觉细胞。借助这些嗅觉细胞，即使被数十亿倍的海水所稀释，鲨鱼仍能嗅出其中隐藏的血腥味。

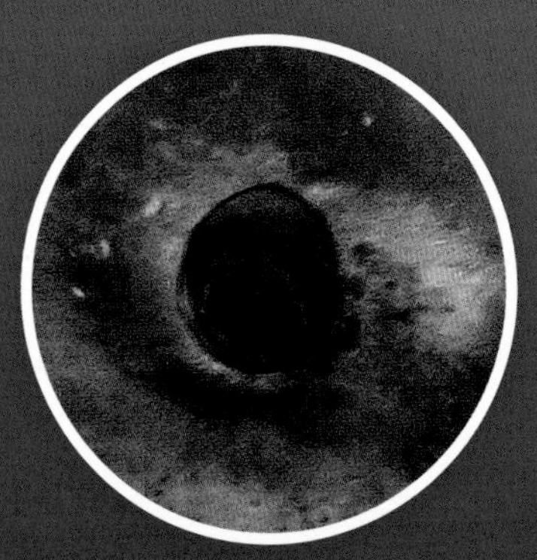

大白鲨的眼睛小而黑。

阴影线毛鲨的眼睛呈绿色。

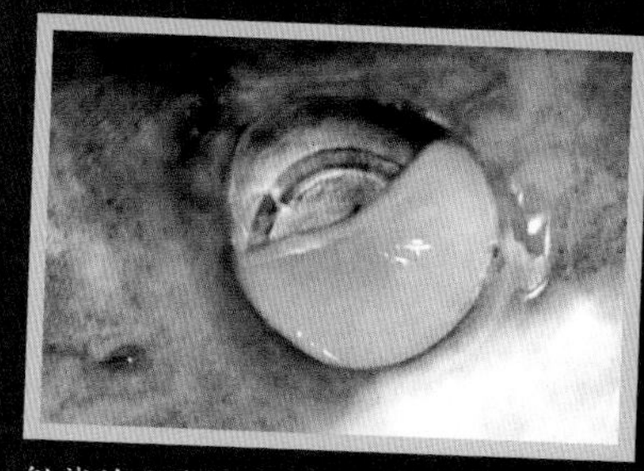

鼬鲨的眼睛覆盖了白色的瞬膜。

鼬鲨的嘴部四周布满许多小孔。这些所谓的罗伦氏壶腹是相当灵敏的感电器。

大白鲨的嘴里布满了灵敏的味蕾。它们对于到口的猎物会先进行试吃，再决定究竟是要咽下去还是吐出来。

挑剔的味蕾

对于不熟悉的东西，鲨鱼往往会先浅尝鉴定一番。在借助口腔与咽喉里的味蕾试吃之后，再决定到底要不要将猎物咽下去，或者宁可将它们吐出来。一般来说，对鲨鱼而言，富含脂肪的食物特别可口，相反地，瘦肉一点儿也不受到鲨鱼的青睐。鲨鱼对某些比目鱼，例如摩西比目鱼会敬而远之，因为这些鱼浑身都包覆着既恶心、又具有毒性的黏液。或许我们可以这么说，不好吃的猎物往往能活得比较久！

顺风耳

虽然鲨鱼不具备可见的外耳，不过它们还是有耳朵的。它们的耳朵就位于眼睛正后方的体内。鲨鱼的耳朵不仅可以感受到水中的声波，更可听见远在数千米外的猎物所发出的声响。鲨鱼耳朵也具备主管平衡与空间感的前庭系统，鲨鱼利用这个系统不断检视自己在水中所处的位置。

须鲨会用自己的触须去侦测躲藏起来的动物。

感应电流

鲨鱼有一种我们人类完全陌生的感官，可以感应到别的动物在运动肌肉时所发出的微弱电场。换而言之，凡是动物活动它们的肌肉，便会不经意地向鲨鱼泄漏出自己的行踪。然而，就算它们不活动自己的肌肉，在鲨鱼面前依然是无所遁形。因为即便是处在完全静止的状态下，心脏总还是会跳动。再者，扑通扑通的心跳声同样也会被鲨鱼听见。这种特殊的能力要归功于被称为“罗伦氏壶腹”的皮肤感觉器，这些细胞分布在鲨鱼的头部背面和腹部，外观上看起来宛如一个个微小的孔洞。也许鲨鱼还会利用罗伦氏壶腹作为指南针，借以感知地球的磁场。当它们在海里遨游时，便可循着磁场线寻找方向。

聪明的猎手

驱赶鱼群是种团队合作，一群短尾真鲨合力将一群沙丁鱼驱赶成球状。这时候，鲨鱼们便可冲进这团鱼群，开心地享用它们所分配到的餐点。

鲨鱼是掠食者，但并非所有的鲨鱼都是独来独往，包括大青鲨在内的许多种鲨鱼都是以集体方式进行猎杀，而某些鲨鱼不仅一起行动，彼此间似乎还会约定战术。有些鲨鱼则采用以逸待劳的策略，它们会埋伏起来，耐心等待那些糊里糊涂的猎物自己游进嘴里。以下是鲨鱼几种主要的捕食策略。

疾速追捕

如果想要捕食那些速度快的鱼类，自己本身就必须具备速度快的条件。金枪鱼与旗鱼等大型鱼类是回报丰厚的猎物，为了要追捕它们，鲨鱼本身也得加足马力，因此鲭鲨全力冲刺的时速可高达 75 千米。大型鲨鱼的体重一般都在 500 千克以上，每个月至少要吃掉与自己体重相当的猎物，所以有一件事很容易理解，就是大型鲨鱼往往捕食大型鱼类。

包　围

锥齿鲨与短尾真鲨会以团体作战的方式进行狩猎，将猎物驱赶成群。锥齿鲨会借由挥动鱼尾逼迫鱼群游往较浅的水域，在移动的过程中，鱼群的密度会变得越来越高，从而沦为容易被捕食的大餐，这时锥齿鲨只需往鱼群里一冲，便可轻松得手。狐形长尾鲨同样也会包围鱼群，接着便会借助尾鳍迅速冲进鱼群，大口吞下那些早已被吓得六神无主的猎物。

海底猎手

包括护士鲨在内的一些活动力较弱的鲨鱼，喜欢慵懒地卧在海底。护士鲨深谙那些速度缓慢的海底动物的习性，很清楚如何才能将这些猎物从藏身之处揪出来。由于护士鲨无法深入每个裂缝，因此会以吸食方式将猎物从藏身处拉出来。帆鳍尖背角鲨同样也是海底的猎手，蠕虫是它们的最爱。然而，在海底狩猎并非完全没有风险，当澳大利亚虎鲨在夜间出来寻觅棘皮动物或软体动物时，它们也得当心，因为一不小心，它们自己同样可能会沦为其他海底掠食者的晚餐。

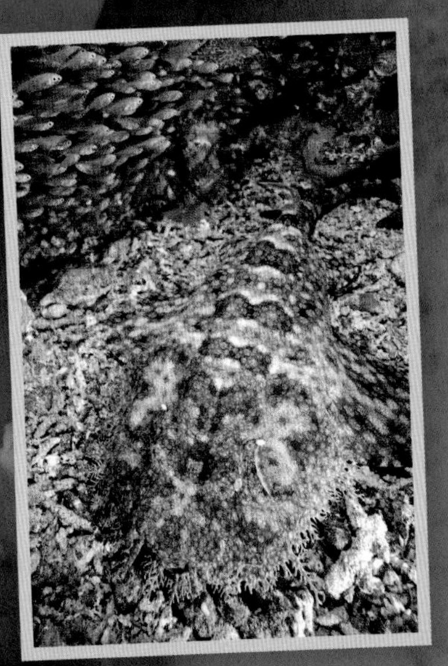
须鲨静静地埋伏在海底等待猎物。

埋　伏

须鲨会平卧于海底，它们的头部四周布满流苏般的毛茸茸突出物，这些突出物会像海藻般在水里摇曳，诱使乌贼、比目鱼与甲壳类动物前来，有时就连澳大利亚虎鲨也会被吸引过来，接着须鲨便可以大快朵颐了！守株待兔是相当省力的捕食策略，因为不必大费周章地去追逐猎物，这种猎食方式除了要有耐心与时间外，完美的伪装也是必备的条件之一。大自然显然在这方面为这类掠食者做了妥善的准备，以精致的条纹或斑点来伪装，让这些埋伏者得以完美地与海底融为一体，等到猎物发现它们时，一切已经来不及了！

伪装良好的扁鲨正耐心等待着食物上门。

护士鲨可长达 3 米，白天时，它们总是懒洋洋地趴在礁石底下；到了夜晚，才会进入礁石区搜捕猎物。

大海的垃圾桶

鼬鲨可长达 7 米，凭借着这种壮硕的身材，鼬鲨几乎没有天敌，也几乎什么都吃，举凡各种大大小小的鱼类，包括其他鲨鱼、魟鱼、海洋哺乳动物、海龟，甚至海鸟等，无一不是它们的美味佳肴，就连一些不大好消化的东西，它们也会吞下肚。鼬鲨的胃里曾被发现不少令人匪夷所思的“食物”，像是轮胎、溜冰鞋、冲浪板、乐器、车牌、水桶，以及其他许多人类丢到海里的垃圾。更令人难以相信的是，人们竟然还曾在鼬鲨的肚子里发现骑士的盔甲！

知识加油站

▶ 鲨鱼可以长时间不进食，大白鲨甚至可以一个月完全不吃东西。在这段时间内，唯一提供它们能量的，就是储存在肝脏里的油。

长有一张大嘴的温和大块头

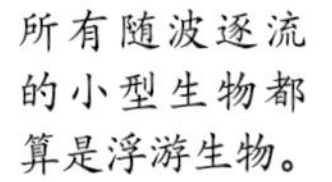

所有随波逐流的小型生物都算是浮游生物。

虽然它们生有一张令人望而生畏的大嘴，不过你倒也不必感到害怕，因为这种体形最大的鲨鱼，其实反而是最无害的一种。它们会利用鳃裂过滤水中的小型生物，这些浮游生物是一些在水中漂流的微小植物或动物，人们多半只能透过显微镜才可以辨识出。为了要提供足够的营养给庞大的身躯，这些滤食性的鲨鱼会去寻觅那些食物来源特别丰富的水域。基本上，只有 3 种鲨鱼是采取这样的进食方式，分别是鲸鲨、象鲨和巨口鲨。

鲸　鲨

体形巨大的鲸鲨总是穿梭在珊瑚礁之间，因为在某些特定的时刻，往往会有大量的浮游动物或其他小型生物汇聚到这里来。鲸鲨会在靠近水面的地方缓缓绕圈子，借以穿过成团的浮游生物，并一面主动地将水吸入嘴里，利用这样的方式来饱餐一顿。

象　鲨

体形约 8 米长的象鲨不会主动吸水，它们以相当于步行的速度在水面底下绕来绕去。在绕行的时候，象鲨张开那巨大的嘴，在它们的嘴里可以见到一些白色的鳃弓，鳃弓之间分布有鳃耙，这些鳃耙能将浮游生物过滤出来勾住。当它们觉得食物已经累积得够多时，便会将嘴巴闭上，接着抖动一下鳃部，然后将整团的浮游生物吞下肚。

巨口鲨

体形约 5 米长的巨口鲨，多半栖息于海平面以下约 150 米深的水域，只有在夜里，它们才会游到较浅的水域，通常最多只到海平面以下约 15 米深的地方，很有可能是在追逐磷虾。在它们奇特的嘴巴四周，分布有许多发光器，这些发光的斑点可以引诱浮游生物、甲壳类或其他小型鱼类前来。

浮游动物处于海洋生态塔的第二层。

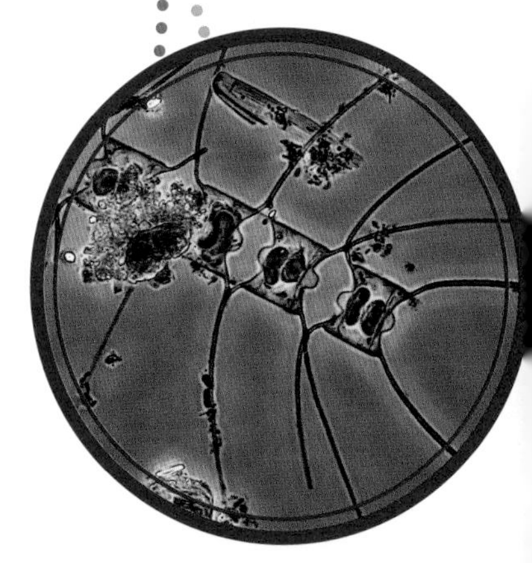

浮游植物会利用阳光的能量制造有机物质，这种绿色的微生物是海洋生态塔的基础。

这条象鲨正张着大嘴在水里绕行，它们用这种方式每小时可以过滤大约 1800 吨的海水。

所有的小型浮游生物都是鲸鲨的食物，就连成群的小型鱼类也不例外。

当珊瑚虫将精子与卵子排入水中时，体形庞大的鲸鲨便可以在那里大快朵颐。

巨口鲨以深海的小虾为食。

你知道吗？

巨口鲨相当羞于露面，从1976年它们首度被人发现，一直到2016年这段时间，人类仅有见过它们60次的纪录，大多数是因为被渔民捕获，或者尸体被冲到岸上，其中留下影像记录的次数更是少之又少。

没有鲨鱼，后果很严重！

对许多人来说，无垠的大海是个令人望而生畏的陌生世界。那里的一切，仿佛就只是弱肉强食。然而，当我们对海洋的生态有越深刻的了解，就会越赞叹这个奇妙的生存空间。

从小到大

大鱼吃小鱼，位居海洋食物链最顶端的大型掠食者便是鲨鱼。海洋食物链开始于十分微小的蓝菌及浮游植物——藻类，必须借助显微镜或强效的放大镜才能看得到它们。这些浮游生物最特别的地方在于具有叶绿素，它们通过叶绿素将阳光转化为能量。这些微生物可以用二氧化碳和水制造出糖以及其他的生命物质，这样的过程被称为光合作用。可以说，蓝菌及浮游植物扮演着极为关键的重要角色，因为它们几乎是海洋中所有生命赖以维生的源头。至于不具备叶绿素且无法直接利用太阳能的生物，就必须以捕食其他植物或动物为生。

海豹

无脊椎动物

章鱼（上）与大王乌贼（下）会捕食小型鱼类。

大白鲨

像大白鲨这样的顶级掠食者位居海洋生态塔的最顶端，它们会捕食海洋哺乳动物（例如海豹）、大型鱼类（例如金枪鱼）及无脊椎动物（例如章鱼）。

金枪鱼

像金枪鱼这样的大型鱼类会捕食较小型的鱼类、乌贼与水母。

海洋生态塔

在海里随波逐流的生物除了微小的浮游植物外，还有一群微小的动物，亦即所谓的浮游动物。这些浮游动物构成了海洋生态塔的第二层，诸如微小的桡脚类、水母与幼水母、幼鱼与鱼卵等，都属于动物性浮游生物。它们有的必须要透过显微镜才能被我们看见，有的可成长至数厘米长。这些浮游生物完全游不过那些以它们为食的鱼类，只能在海里漂浮，任由水流推送。而体形较小的鱼类会被体形较大的鱼类捕食，体形较大的鱼类会被体形更大的金枪鱼追捕，金枪鱼又会沦为鲨鱼的食物。当然，鲨鱼或海豹也会捕食一般的鱼类，因此所有的生物并非只是单纯地构成一条食物链，它们实际上构成的是食物网或生态塔。鲨鱼，尤其是像大白鲨这种巨型鲨鱼，就位于这个生态塔的最顶端，它们可以说是最上层的掠食者，也可以说是顶级掠食者。这听起来不禁令人毛骨悚然！

为何鲨鱼如此重要？

由于鲨鱼位居海洋生态塔的最顶层，因此它们扮演着海洋生态调节器的重要角色。不同种类的鲨鱼会分别去捕食老的、生病的海洋动物或体形较小的掠食鱼类，如此一来便可避免某种鱼类过度繁殖，否则将导致海洋生态失衡。鲨鱼数量减少或某些鲨鱼绝种，会对物种的平衡造成严重的不良影响，倘若没有鲨鱼，其下一层的掠食者就会开始泛滥，原本的生态平衡便将面临冲击，而这样的冲击会波及整个食物生态塔的各个层级，就连最底层的浮游生物也不例外。所以，鲨鱼可以说是海洋生态系统里的关键物种，因此保护鲨鱼是十分重要的课题！

以下是海洋生态塔的缩小版示意图。位居最顶层的，是像鲨鱼这样的顶级掠食者，然而如果没有浮游植物为生态塔奠定基础，整个生态塔也就无法存在。因此可以说，其中所有的动物全都间接依赖阳光为生。

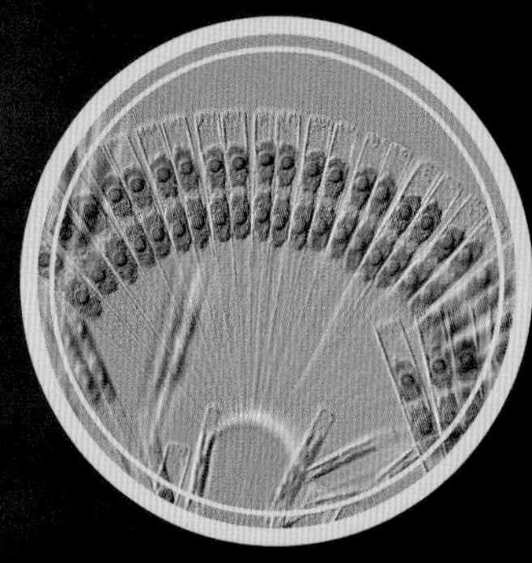

浮游植物

这些微小的水生植物可以利用自身的叶绿素吸收利用太阳的能量。

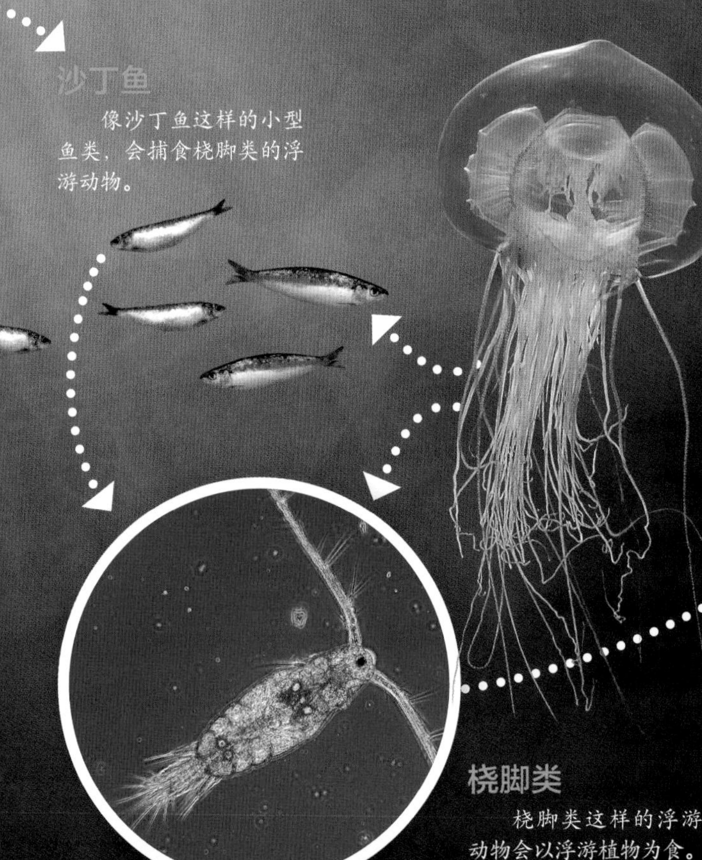

沙丁鱼

像沙丁鱼这样的小型鱼类，会捕食桡脚类的浮游动物。

桡脚类

桡脚类这样的浮游动物会以浮游植物为食。

水　母

几乎所有的水母都是以浮游动物为食，不过有些水母也会捕食体形较小的鱼类。

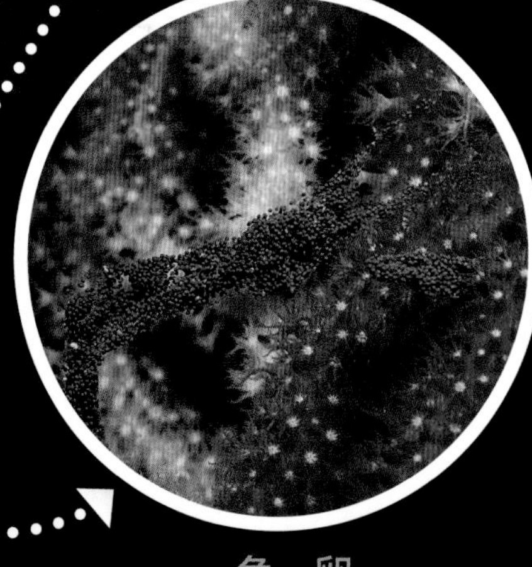

鱼　卵

幼　鱼

被归类为浮游动物的幼鱼也会以浮游植物为食。

鲨鱼是独行侠吗？

大白鲨并不是人们一直误以为的独行侠。事实上，它们拥有十分有意思的群体生活。

长久以来，人们一直以为鲨鱼是独行侠，总是独来独往地穿梭在海里寻找猎物。但是近年来，研究学者对于鲨鱼生态有了新的认识——并非每种鲨鱼都足以代表所谓的“鲨鱼”。就人类已知的400多种鲨鱼来说，每一种鲨鱼都有其独特的生活方式，以及与同类互动的特殊习惯。

大白鲨总是独来独往吗？

在很长的一段时间内，就连鲨鱼专家也都误以为鲨鱼是大海里孤独的猎手，但近年来人们对于这种动物的生态有了十分耐人寻味的新发现。原来，大白鲨压根儿就不是什么独行侠，事实上它们经常会联合将近10个同伴一起出现，很有可能是在集体猎食。在这样的社群里，同样也存在着阶级，这些鲨鱼在群体里会区分彼此地位的高低。

谁才是老大？

如果有两条鲨鱼在争执谁该听谁的话，它们会先短暂地以并排方式游上一会儿，这么做是为了要比比看谁的体形比较大，体形较大的一方可以暂时胜出。接下来，它们双方会竞相游到对手的上方，先示弱的一方便算落败。有时屈居下位者会以驼背示于对手，借以表示它甘愿屈从于对方。这样的协议具有很重要的意义，因为如果能以这种和平的方式划定阶级高低，双方便可以免去无谓的战斗，如此一来，也就可以省去许多的流血冲突。

不可思议！

在一个鲨鱼的群体里，可能会有多达上千只的鲨鱼聚在一起。

集体而非单独

白天时，灰三齿鲨会在非常安全的地方歇息。这些红色的天竺鲷显然毫无惧色，那是因为现在还不到鲨鱼们用餐的时刻。

目前已知有不少鲨鱼会成群结队，而且多半是由同性（雄性或雌性）组成，组成团体的好处之一是威慑敌人，避免遭受敌人的攻击。以灰三齿鲨为例，白天时它们会成群栖息在珊瑚礁洞穴中或礁台附近，它们显然是奉行“同心协力可以更快注意到更多危险”这样的准则，但也有可能是为了共享那些不容易找到的理想的休息位置，也说不定像它们这样相偎相依，能增进彼此的向心力。

狩猎社群

当灰三齿鲨在夜间出动觅食时，常常成群出现，乍看之下，仿佛它们是在进行团队合作，但事实上它们是在互相推挤。专家推测，这些鲨鱼可能只是受到食物特别丰富的水域所吸引才聚集在一起，并不是主动合作捕猎，而且会为了食物在那里争来争去。

鲨鱼同侪

某些鲨鱼会汇聚出庞大的群体，也就是所谓的“群集”。有时数个群集凑在一起，整个群体甚至可以达到数百只或上千只的规模。海底的山脉，也就是那些因火山作用而在海底隆起的高地，是双髻鲨偏爱的聚集处，因为这里有夹带着大量食物与浮游生物的涌升流，它们会把大大小小的鱼类吸引过来，捕食的鲨鱼当然也会跟过来。白天时，这些鲨鱼群会平和地绕着山脊打转，但是一到黄昏便会分散开来，各自分头去猎食。

寻找如意对象

为了繁衍后代，鲨鱼也可能会在群体里找寻伴侣。在茫茫大海里，寻找一群鱼总会比寻找一条鱼来得容易，在双髻鲨群里，雄鲨很快就会知道自己该去哪里寻找伴侣——去群体的中央！唯有在那里，才能找得到最强壮、层级最高、也因此最具吸引力的雌鲨。有些人甚至推测，个别的鲨鱼之间也许存在着属于鲨鱼的友谊，只不过目前并没有可靠的证据可以证明这样的观点。如此说来，未来的鲨鱼学家显然还有很多可以研究的课题！

双髻鲨以庞大的群集闻名。

到了夜晚，灰三齿鲨便会成群结队地进入珊瑚礁里大肆搜索。

乘着鲸鲨游动产生的波浪，领航鱼以鲨鱼吃剩的残余食物或鲨鱼身上的寄生物维生。在这条鲸鲨的腹部还依附有许多䲟鱼。

动物跟班

鲨鱼从来就不是形单影只地穿梭于大海里，总是会有别的动物对它们感兴趣，或者想要伤害它们，这些动物除了寄生物之外，还有些是鲨鱼的跟班，会与鲨鱼共享伙伴关系的好处，生物学家将这种情况称为“共生”。

不讨喜的跟班

鲨鱼经常会遭受桡脚类或等足类生物的侵袭和纠缠。在深海里，桡脚类总是会觊觎前往那里猎食的格陵兰鲨，它们会利用自己身上所发出的光将鲨鱼吸引过来，接着趁机寄生在鲨鱼的眼角膜上，而且通常不止一只。这个行为会伤害鲨鱼的角膜，严重的话，甚至会造成鲨鱼失明。幸好鲨鱼有其他可替代的感官，足以应付这样的困境。

䲟鱼会利用自己头顶的吸盘吸附在宿主身上，当到达饵料丰富的海区，便脱离宿主去摄取食物。

透过电子显微镜，可以观察到鲨鱼鳃部微小的寄生物。它们会用尖爪牢牢钩住鲨鱼，让鲨鱼的日子很难过。

美容与牙齿保养：除了䲟鱼会跟随着鲨鱼帮它清洁外，鲨鱼也会寻找清洁站，到了那里，它们会张开嘴巴，耐心地让清洁鱼清理它们的牙齿、口腔与鳃部。

寻找搭便车的机会

“诚征搭便车的机会，愿提供清洁与医疗服务作为交换！”䲟鱼与领航鱼（又称舟鰤）或许会以这样的话作为征求宿主的广告词。“领航鱼”这个名字其实是一种误解，因为人们原以为这种鱼会引领体形巨大的鲨鱼伙伴穿越广阔的海洋。但这种想法其实是错误的，而且实际情况完全相反。这些大块头要游往哪里，它们的心中早有定见，根本不会理会那些小跟班。事实上，这些领航鱼只不过是想利用宿主所制造出的船首波与湍流区。不过，话说回来，这群小跟班对宿主其实也是有好处的，特别是当它们离最近的珊瑚礁清洁站相当遥远时，有了这群小跟班，就等于随身携带了一个清洁站。至于䲟鱼，它们会直接吸附在诸如鲨鱼、魔鬼鱼、鳐鱼、甚至海龟的身上，如此一来，它们便不必自己费力游泳。为此，它们会将其他有害的寄生物吃掉，借由清洁服务来回馈它们的宿主。更准确地说，宿主获得了清洁服务，而䲟鱼除了能免费饱餐一顿以外，还能免受其他掠食者的侵袭，真可谓皆大欢喜！然而，鲨鱼并非总是有这些小跟班相伴。

当鲨鱼在游动中提高游速时，水的阻力也会随之增加。有时鲨鱼甚至会试着主动将它们抖落，这也有可能是鲨鱼有时会跃出水面的原因，当再度落入水里时，它们便能顺势甩掉这些恼人的小跟班。

格陵兰鲨潜入深海猎食。借助其锐利的眼睛，它们可以见到许多深海生物所发出的光，但它们的眼睛经常会被桡脚类寄生，严重的话会导致失明。

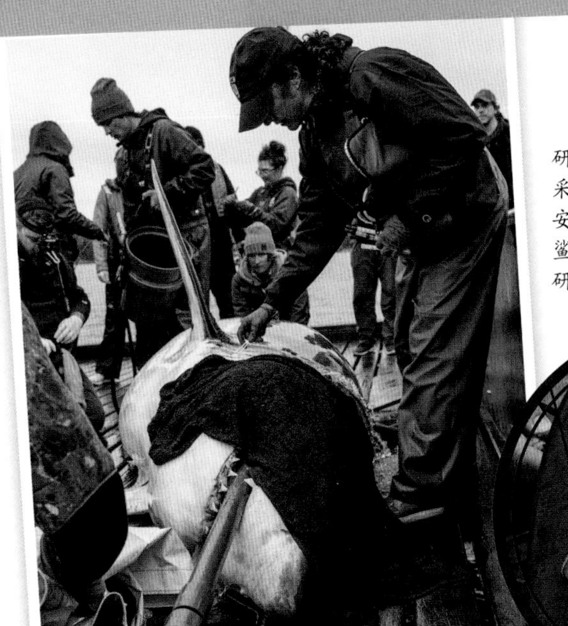

研究人员将麻醉后的鲨鱼放置在一个平台上，采集其血液样本以进行健康检查，然后给它安装了一个定位信号发射器。在此过程中，鲨鱼借助一个通水的水管呼吸。工作完成后，研究人员将鲨鱼再次放归大海。

信号发射器被固定在鲨鱼的鱼鳍上，不会妨碍它的生存活动。

不停地 迁徙

大白鲨或许可以算是全世界最著名的一种鲨鱼，然而我们对它们的生态却所知有限，如今许多专家学者极欲扭转这样的局面。研究人员先用诱饵引诱鲨鱼前来，并将其麻醉，接着将它们拖上漂浮平台，让他们可以从容地将信号发送器固定在鲨鱼的背鳍上。这些信号发送器会将鲨鱼的所在位置与下潜深度等各种准确信息传送回来，它们的体积很小，不会妨碍鲨鱼的游泳。

循着鲨鱼高速公路前行

信号发送器会将记录到的数据传给卫星，研究人员可因此知道被标记鲨鱼的移动路径。过去，人们一直以为大白鲨会在特定的水域活动，例如有些栖息于南非附近的海域，有些栖息于大洋洲一带的海域，有些则固定在其他某些地方活动。如今借由发送器的帮助，科学家终于知道，原来大白鲨其实是在不停地迁徙，而且是很长距离的移动。有一只根据澳大利亚女演员妮可·基德曼命名的大白鲨妮可，可以说是鲨鱼中出类拔萃的运动健将，它一度只花了9个月的时间，便从南非游到大洋洲，再从大洋洲游回南非，全部的旅途加起来大约两万千米。其他被标记的鲨鱼则帮我们确认了，大白鲨并非漫无目的地在海里遨游，它们其实是遵循特定的路径。在迁徙的过程中，大白鲨

顺道一提！

由于科技的进步和科学家们的努力，在网上的某些网站，人们可以实时查看被标记鲨鱼目前所在的位置，以及游过的路径。

被标记完的鲨鱼再度回到水里，留下一个临别秋波，接着就继续上路了！

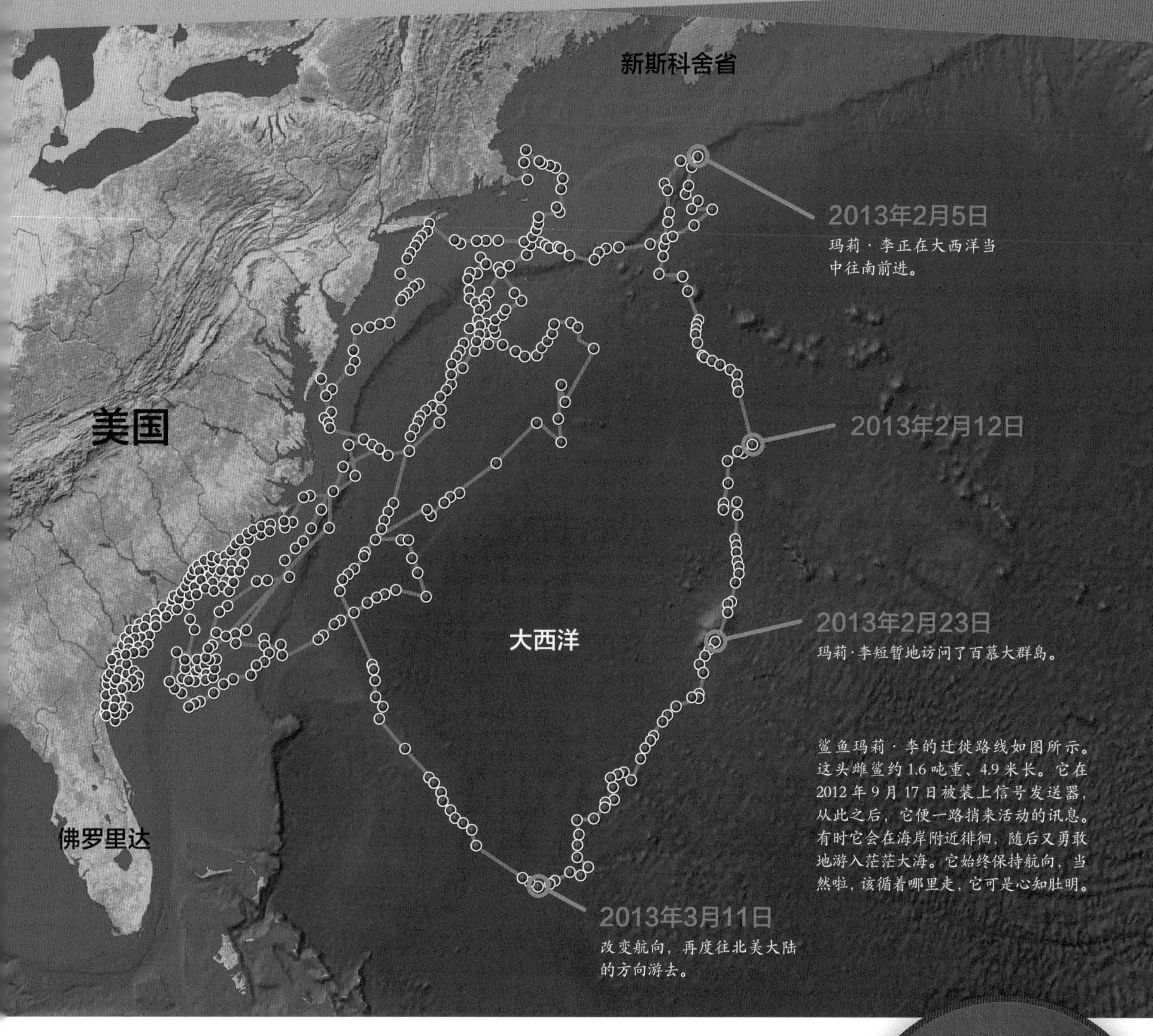

鲨鱼玛莉·李的迁徙路线如图所示。这头雌鲨约1.6吨重、4.9米长。它在2012年9月17日被装上信号发送器，从此之后，它便一路捎来活动的讯息。有时它会在海岸附近徘徊，随后又勇敢地游入茫茫大海。它始终保持航向，当然啦，该循着哪里走，它可是心知肚明。

会利用洋流，跟随食物来源，并且游在一条正规的“鲨鱼高速公路”上。这一路上，它们并不会在途中多作拖延或逗留，而是往往以高速连续游上一大段距离。这些鲨鱼其实很清楚，它们究竟该循着什么路线前行。

大白鲨咖啡馆

有如真正的高速公路一样，在鲨鱼的迁徙路线上，也分布有一些休息站。其中之一就位于夏威夷群岛与北美西海岸之间的太平洋海域，大白鲨们会不约而同地聚集在这里，就像在咖啡馆那样，这里除了有吃的，还可以让大伙儿亮亮相，相互认识一下，打个招呼。也因此，研究人员便戏称这个地方为“大白鲨咖啡馆”。据推测，鲨鱼前来此处可能是为了寻找伴侣，也有可能是来这里生产自己的小宝宝。很显然，大白鲨根本就不是什么独行侠。长久以来，人们真的是误会大了！如今，学者专家正设法要更深入地去了解它们的社会行为。

背鳍上装有信号发送器的鲨鱼：这些数据能帮助我们更好地了解鲨鱼的生存状态。

准备出世的小柠檬鲨先露出了尾巴。

“身怀六甲”的雌灰三齿鲨已经挺起了大肚子。

这是一条大青鲨的幼鲨，它的身上还连着卵黄囊，这是它在母鲨腹中赖以生存的营养来源。

繁殖下一代

硬骨鱼多半会将数千甚至上百万个卵排入水中，它们的后代大多会在卵或幼鱼的阶段便被别的鱼吃掉，只有极少数的幸运儿能顺利长大。鲨鱼属于软骨鱼，为了延续后代，它们采取了不同的策略。一般来说，鲨鱼有 3 种不同的繁殖方式。

幼鲨是如何诞生的？

某些种类的鲨鱼属于卵生，例如猫鲨或一些须鲨等。类似鸟类、鱼类或某些爬行类，这些鲨鱼会排出已受精且包覆着外壳的卵，只不过这些卵的外形看起来极为奇特就是了。

双髻鲨与大青鲨属于胎生，它们的下一代会先在母鲨的肚子里成长，直到它们变成幼鲨才出世。

第三种生殖方式则是卵胎生。受精卵会先在母鲨体内孵化一段时间，同样会以幼鲨的形式出世，但生存的能量来自卵本身而不是母体。锥齿鲨与大白鲨都是采取这样的方式繁衍后代的。

卵　生

猫鲨会下蛋，就像鸡那样，不同的是鲨鱼卵看起来一点儿也不像鸡蛋。猫鲨的卵囊像皮革，看起来就像一个小袋子。有时人们可以在沙滩上捡到一些被冲上岸的鲨鱼卵，从前的人认为那可能是美人鱼的包包，因此这些鲨鱼卵又被称为“美人鱼的皮包”。母鲨会将鱼卵系

你知道吗?

幼鲨一般也称为小鲨，正如小狗或小狼那样。

佛氏虎鲨会产下螺旋状的卵囊。

在海洋植物或珊瑚上，之后便不会再照顾这些鱼卵。在此后的两年里，这些鲨鱼的后代只能自行在卵里成长，在这段时间当中，它们会以卵黄囊为营养，一旦卵黄耗尽，幼鲨便会从卵里钻出，此后它们就得自谋生计了。

佛氏虎鲨（俗称角鲨）所产的卵呈独特的螺旋状，它们多半会将卵旋进岩石的缝隙里。鱼卵在牢牢固定的情况下，可以顺利成长为一条小佛氏虎鲨。

胎　生

双髻鲨不会产卵，它们是以胎生的形式繁衍后代。它们的后代会在母鲨体内成长，幼鲨透过与母体相连的“脐带”从母鲨那里获得营养。至于一胎究竟可以产下多少只幼鲨，这就得看鲨鱼的种类而定。窄头双髻鲨通常一胎只能产几条幼鲨，路氏双髻鲨一胎至少可产下30条，产下幼鲨之后，母鲨就不会再照顾它们，幼鲨必须自力更生。

卵胎生

卵胎生是介于卵生和胎生之间的方式，鼬鲨与大白鲨就是以这样的方式来繁衍后代。这类母鲨不会将卵排入水中，而是让受精卵在母体内成长。也就是说，幼鲨会先在卵膜里生长，当它们仍在母体里时，便会钻出卵膜，接着继续在母体里成长，最后会被母鲨以胎生的方式产下，这种生殖方式被人们称之为“卵胎生”。采取这样的生殖方式难免会夭折一些幼鲨，因为像鼬鲨一次可怀几百个卵胎，但只能产下50条左右的幼鲨，这些幼鲨在出生时大约已有50厘米长。但是，卵胎生的动物在母体中发育时仍然靠的是卵自身贮存的营养，并不是从母体直接获取。

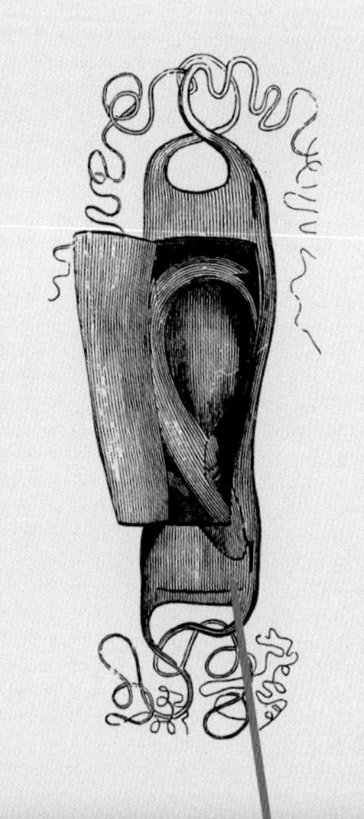

这个猫鲨的卵囊被固定在海草上。卵膜内可以见到卵黄，它们为幼鲨提供了成长所需的营养。大约一年的时间，卵黄会消耗殆尽，这时幼鲨就会钻出卵囊。它们的背上有两排棘刺，可帮助它们轻松地钻出卵囊。

知识加油站

- 鲨鱼的怀孕期，指从受精一直到分娩的这段时间，一般来说，平均为一至两年。之后视鲨鱼的种类而定，怀孕的母鲨会产下 2 至 100 条不等的幼鲨。
- 佛氏虎鲨：怀孕期 8 个月，2 颗螺旋状的卵。
- 白斑角鲨：怀孕期 24 个月，7 条幼鲨。
- 鼬鲨：怀孕期 15 个月，50 多条幼鲨。

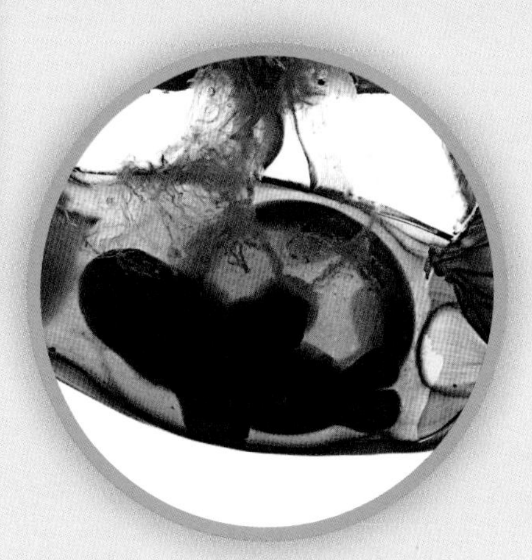

卵膜里有一条带着白色斑点的狗鲨。一旦有掠食者靠近，幼鲨便会察觉并保持静止。

固定在海扇上的阴影绒毛鲨的卵。

恶名昭彰的大白鲨

大白鲨身长可达 6 米，它们纵横于所有的海洋，主要出没在海岸或岛屿附近。在温暖的季节里，它们特别喜欢待在海豹的栖息地附近，因为可以在那里大快朵颐。到了较寒冷的季节，它们会迁徙至遥远的大海。

一条大白鲨为猎捕海豹而跃出水面。由于在追捕猎物时会猛力咬合，所以可能会导致牙齿脱落。

极速猎手

一想起被大白鲨那三角形的锯子一样的牙齿狠咬一口，就不禁令人头皮发麻！然而，大白鲨真的是大家印象中的嗜血食人怪兽吗？事实上，大白鲨是害羞的海洋掠食者，很少对人类造成危害，因为它们对人肉根本不感兴趣。它们在幼鲨时期主要是以鱼类为食物来源，其中也包含了一些体形较小的鲨鱼，长大之后会开始猎食海豹、海象、海豚，甚至体形较小的鲸鱼或其他的鲨鱼。它们多半是趁这些海洋哺乳动物游到海面呼吸时，再从猎物的下方展开突袭。它们会用力拍动尾鳍，然后向上冲刺，接着狠狠咬住猎物的下半身。为了避免在攻击时伤及自己的眼睛，大白鲨会用具有保护作用的瞬膜覆盖住眼睛，在完成攻击行动后，大白鲨会立刻退场，好让受伤的猎物先流一阵子血，借此削弱猎物的体能。也就是说，大白鲨会避免战斗，如此不但可以节省体力，更能避免猎物在做困兽之斗时伤到自己。然而，对于那些没有自我防卫能力的弱小猎物，大白鲨会用大嘴紧紧地将猎物咬住，直到它们死亡。

由于大白鲨一餐可以吃下很多东西，因此有时一个月只吃一顿。

电影《大白鲨》让导演史蒂文·斯皮尔伯格开创出辉煌的事业。为了让鲨鱼看起来更危险，斯皮尔伯格特地制作了大一号的塑胶鲨鱼。一般来说，大白鲨的体长大约为 4.5 至 6 米。

从鲨鱼的视角看，趴在冲浪板上的冲浪者就像一只游在水面的海豹。

所以，你不能怪它们……要知道，冲浪板并非大白鲨的菜。

独一无二的双髻鲨

生有一颗奇特鱼头的双髻鲨可以说是最不寻常的鲨鱼之一，它们的眼睛与鼻孔长在头部的最边缘，头部还布满罗伦氏壶腹。罗伦氏壶腹让鲨鱼有能力察觉最微弱的电磁信号，例如某条伪装或躲藏起来的鱼的心跳。这套感应系统还能帮助双髻鲨导航，它们能根据地球的磁场找出穿越数千公里的汪洋大海的路线。

闻一闻，该沿着哪里走

在游泳时，双髻鲨会不断地摆动头部，哪个鼻孔闻到气味，就代表猎物在哪个方向。双髻鲨的双向嗅觉全归功于它们那奇形怪状的头部。

知识加油站

- 它们的名字是取自它们类似双丫髻一样的头型：双髻鲨。
- 有许多十分灵敏的感应器分布在它们锤型的头部。对狩猎而言，这些感应器的作用十分重要。
- 它们的头部还有像机翼一样的效用，可以额外增加它们在水中的稳定度。

路氏双髻鲨

身长	4米左右
体重	超过150千克
栖息地	热带与亚热带的海岸附近、深度约为500米的水域
食物	鱼类、管鱿与甲壳类

带着招牌头型的路氏双髻鲨，它们的眼睛与鼻孔位于相隔遥远的头部两端。

路氏双髻鲨经常会数百条成群结队地出现。有时一大群鲨鱼几乎全是由雌性组成，其中体形较大、地位较高的雌鲨会游在队伍的中心。

一群杀人鲸发现了一条鲭鲨。这条鲨鱼来不及逃走，因为有条杀人鲸已从下方蹿上来展开奇袭，打算猎杀这条鲨鱼。万一不幸遇上这种体形巨大的海洋哺乳动物，鲭鲨只能坐以待毙。

鲨鱼的敌人

灰三齿鲨的背鳍有白色的尖端。它们会藏身于突出的岩石底下或珊瑚礁之间，借以躲避体形更大的掠食者的攻击。

鲨鱼是顶级掠食者，位居海洋生态塔的顶层。基于这一点，我们总是以为鲨鱼既然是海中霸主，在海洋里必然是所向无敌。这样的想法显然是大错特错！事实上，鲨鱼并非海洋里唯一的掠食者，即使是体形最大的鲨鱼，也难免会遇上对它们造成威胁的敌人。

凶猛的杀人鲸

尽管难以置信，但却是千真万确：某些杀人鲸（又称虎鲸）群体十分擅长猎杀鲨鱼。这种外形相当可爱的鲸鱼，不仅勇于和迅捷的鲭鲨较量，更敢与鲨鱼中体形较大的掠食者大白鲨抗衡。成年的杀人鲸即使是单枪匹马，也可以对大白鲨构成严重的威胁。体形巨大的大白鲨万一遇上整群的杀人鲸，几乎不可能全身而退。杀人鲸猎杀大白鲨所采取的策略，大致与大白鲨的狩猎方式类似，它们会从猎物的下方展开奇袭，不同的是，一旦杀人鲸将大白鲨赶到水面后，随即会用它们的尾巴重击鲨鱼，这样的重击会使鲨鱼陷于麻木状态。

杀人鲸似乎晓得鲨鱼的弱点，它们将鲨鱼拍晕后，会抓住鲨鱼并将其翻转过来，鲨鱼就会进入瘫痪状态。年幼的杀人鲸会先在

年幼的大尾虎鲨有许多的敌人。它们会利用自己身上的斑纹进行伪装，以避免被敌人发现与猎食。在明亮的浅海，它们会借助身上的斑纹和阳光下的海水融为一体。

一旁观摩经验丰富的猎手，看看它们是如何群策群力猎杀鲨鱼的，经过几年的学习之后，它们会亲自上阵参与猎鲨行动。杀人鲸可以说是既聪明又凶猛，面对这样的敌人，就连大白鲨也束手无策，只能望风而逃。

竞争者

海豚、海狮、龙胆石斑鱼，甚至咸水鳄等强大的掠食者，它们的菜单和鲨鱼的大致相同，因此这些掠食者经常会早鲨鱼一步，从鲨鱼眼前抢走它们原本打算享用的美食。

防卫技巧

即使是鲨鱼也需要防卫，其中最重要的原则莫过于：三十六计，走为上策！如果可以的话，鲨鱼宁可选择“落跑”，不过有些鲨鱼还是会仗着自己锐利的牙齿，与敌人进行英勇的搏斗，有些则会尝试伪装，躲避敌人的攻击。有些鲨鱼身上带刺，这会使那些原本捕食它们的敌人胃口全失。此外，更有些鲨鱼会将自己的身体膨胀起来，借此吓退敌人。

宽吻海豚和鲨鱼一样，都会捕食章鱼、管鱿和较小的鱼类。宽吻海豚总是将这些猎物一口吞下。

海狮是既强壮又敏捷的猎手，它们不仅会捕食鱼类，还会捕食较小的鲨鱼。

温和的大块头：石斑鱼。它们喜欢捕食甲壳类动物以及居住在海底的鲶鱼等。

咸水鳄栖息于海岸附近。它们会把猎物拖进水里，使其溺毙。体形较大的咸水鳄有时甚至会猎食公牛鲨。

在遭遇威胁时，气球鲨会膨胀自己的身体来吓退敌人。在水里，它们会借由吸水让身体膨胀，最大可将身体膨胀成原本的两倍。如果从水里把它们抓出来，它们会改以吸气来胀大身体。

酷寒猎手：鼠鲨（又名大西洋鲭鲨）可达 3.7 米长，是最快速的鲨鱼之一。喜欢捕食鲱鱼与鲭鱼等硬骨鱼。

极度寒冷

大多数的鲨鱼都生活在温暖的热带海域或温度适中的水域，但也有像格陵兰鲨这种偏好极端环境的鲨鱼。它们喜欢冰冷的环境，因而以斯堪的纳维亚半岛、大不列颠群岛及格陵兰等地的海域为家，有的时候，人们也称这种鲨鱼为“冰鲨”。格陵兰鲨的体格壮硕，一般来说，它们的身长约为 6 米，体重超过 1 吨。它们属于睡鲨类，睡鲨也是唯一能够持续待在极地海洋的鲨鱼，那里的水温大约为零摄氏度，因海水含有盐分才没有结冰。

非美食主义者

所有的睡鲨都是慵懒的泳者，它们总是缓缓且悄悄地接近猎物。此外，它们有时也会以从上层海域落入海底的动物尸体为食，人们甚至曾在格陵兰鲨的胃里发现过驯鹿、北极熊与马的遗骸。也就是说，举凡到口的食物，格陵兰鲨是绝不挑嘴。冬季时，它们会在海面附近猎捕海豹，到了夏天，它们宁可逗留在较深的水域，以巨型鱿鱼或其他会因发光器官而暴露行踪的深海动物为食。

皱鳃鲨约有两米长，外表近似鳗鱼，因为它们的 6 对鳃裂具有起褶皱的特殊边缘而得名。它们的嘴里布满将近 300 颗锐利的牙齿。

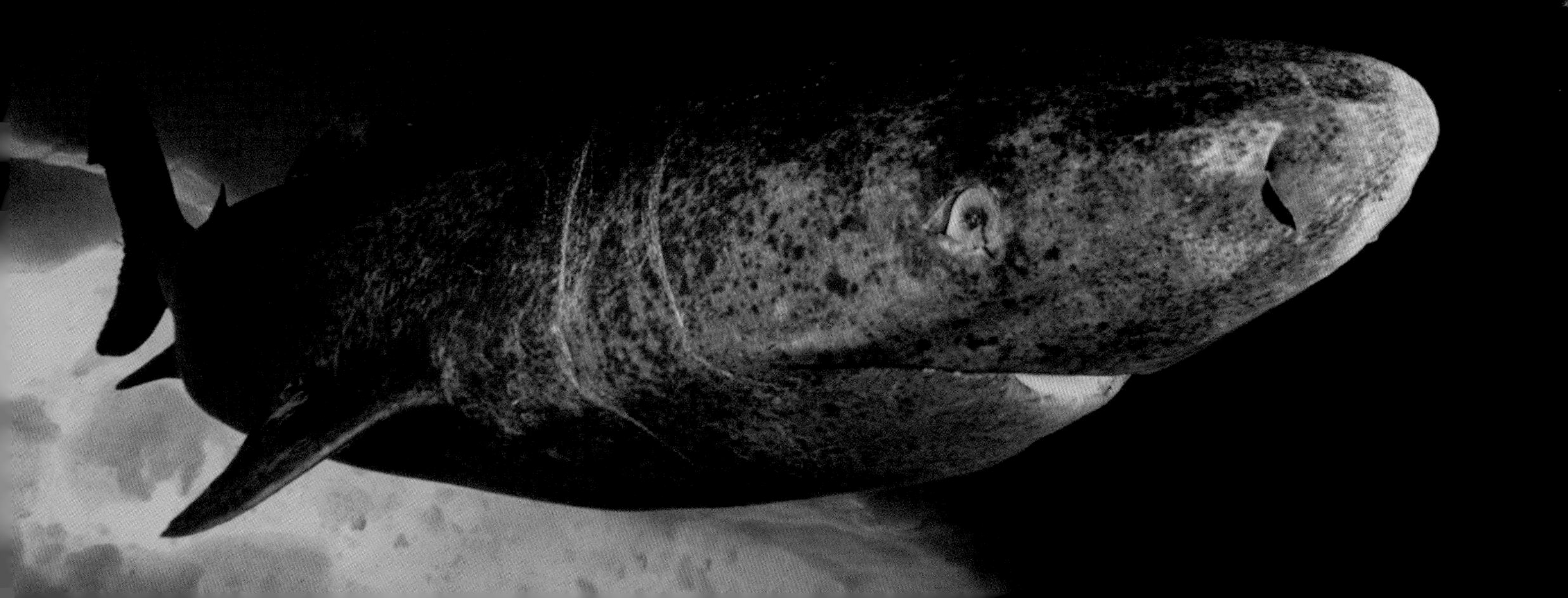

格陵兰鲨居住于北极冰层底下的极地海洋里。它们不仅行动迟缓，生长速度同样也十分缓慢，平均一年成长不到 1 厘米。它们必须很长寿，才有可能长到 6 米长。

极度深沉

如幽灵一般的欧氏尖吻鲨，可以说是一种活化石，人们曾以为它们早在1亿多年前便已经绝种。

大约有200多种鲨鱼偏好以暗无天日的深海为家，这些鲨鱼不但能承受深海的高压，而且能很好地适应阴暗的环境。它们的眼睛特别锐利，能够侦察出其他深海动物所发出的微弱光源。有些鲨鱼甚至可以自行发出朦胧的光，借此引诱猎物上门。深海里的鲨鱼大多体形娇小，因为在那底下十分寒冷，身体的所有运行要比在温暖的水域缓慢许多。由于深海里的食物相当匮乏，因此住在深海的鲨鱼大多数时间都十分慵懒，如此才能节省宝贵的能量。

如果想在深海鲨鱼的自然栖息地研究它们的生态，那么绝对少不了像“阿尔文号”这样的潜水器。从1964年起就开始服役的阿尔文号，在历经多次改装后，目前已经有能力下潜到海平面以下6500米深的水域。在这个用钛金属打造的密闭球舱里有3个座位，可以让一位驾驶员与两位研究人员同时搭乘。

多么奇特的鲨鱼啊！

很少人见过欧氏尖吻鲨的身影，这也难怪，因为它们是以海平面以下约1200米深的水域为家。它们尖尖的鼻子看起来像坚硬的角，但其实与身体其他部位一样都是软的。据推测，这个伸长的鼻子里可能布满许多感应器，借由它们的帮助，欧氏尖吻鲨不仅可以在晦暗的深海里活动自如，更能精准地搜捕猎物。它们会用自己既长又尖的利牙捕食小型鱼类、乌贼与甲壳类动物，一旦发现猎物，会以迅雷不及掩耳的速度张大嘴巴牢牢咬住猎物。

进展缓慢的研究

欧氏尖吻鲨的肝脏占了全身的四分之一，直到现在，专家学者仍在猜测它们为何会具备如此巨大的肝脏。可惜的是，迄今为止仅有约50个样本可供研究人员研究，主要是因为它们实在很难以捕捉，它们真的太害羞了！

雪茄达摩鲨只有50厘米长，栖息在海平面以下约3500米深的海域。它们的腹部有一条可以发出绿光的发光带，利用这条发光带，达摩鲨可以将好奇的猎物引诱到自己的嘴巴附近。

就是要伪装

与环境融为一体：在浅海的光影中，佛氏虎鲨可以利用身上的斑点花纹来模糊自己的身影。

须鲨是伪装高手，经常就像一张地毯一样平平地贴在海底，因此拥有“地毯鲨”这个名号。须鲨多半栖息于温暖海域的珊瑚礁附近，由于这些地方白天相当明亮，因此待在这里会很容易被发现，这不仅让猎食变得困难，就连自身的安全也不能得到保障。为解决这样的困扰，最佳的对策莫过于利用自己身上的条纹或斑点来进行伪装。

谁埋伏在这里？

须鲨的身体扁平，表面布满不规则的斑点花纹。它们的轮廓不明显，容易与海底融为一体。凭借着一身完美的伪装，须鲨只需静静埋伏在海底或岩缝里，等待猎物自己送上门。即便是潜水员，也得多看两眼才能发现须鲨。

流苏与茸毛

身长约 1.8 米的叶须鲨（又称流苏须鲨）外观极为独特，它们的嘴部四周分布有许多分岔的垂饰，这些茸毛状构造会随水流摇曳，让它们的头部看起来像是长满海草的石头。叶须鲨可以自行摆动这些茸毛，借此引起那些在自己周边活动的鱼类或甲壳类的好奇。这些被假植物吸引过来且饥肠辘辘的动物，最后便糊里糊涂地沦为鲨鱼的美味餐点。

奇 袭

须鲨拥有一口向后弯曲的尖牙，这有利于它们将猎物牢牢咬住。一旦有生活在海底的鱼类、乌贼或螃蟹接近它们的嘴巴，须鲨便会以迅雷不及掩耳的速度咬住猎物。它们会把嘴巴打开，将下颚向前推移，这时便会产生一股吸力，顺势将猎物吸进嘴里。

不可思议！

为配合自己身处的环境，某些种类的鲨鱼甚至可以改变自己身上的颜色。它们是怎么办到的呢？原来它们会将具有色素的生物细胞收缩集中在皮肤上。

在茫茫大海里伪装：大白鲨这个名字取自于它们的白色腹部，在它们背部对着阳光时，从下方很难发现它们的身影。而且，从大白鲨的上方看下去，它们阴暗的背部会与深海阴暗的海水融为一体。

为避免窒息，鲨鱼必须游个不停，真的是这样吗？

不！即便须鲨一动不动地静止在海底等待猎物送上门，它们也不会窒息。在它们的眼睛后方有呼吸孔，可以透过呼吸孔吸水，灰三齿鲨则可以用嘴巴将水抽送过来，再经鳃部排出。总而言之，某些种类的鲨鱼有能力主动呼吸，因此可以从容地平卧在海底。

长度	可达2.9米
栖息地	西太平洋（印尼东部、巴布亚新几内亚、大洋洲东岸与南岸）
食物	体形比它们更小的鲨鱼、魟鱼、头足纲动物、甲壳类动物

斑纹须鲨

长度	约1.7米，最长可达3.2米
栖息地	西太平洋（大洋洲沿海）
食物	小型鱼类、头足纲动物、甲壳类动物

叶须鲨

长度	可达1.8米
栖息地	西太平洋（大洋洲北部、印尼、新几内亚）
食物	生活在海底的无脊椎动物或鱼类

你知道吗?

“埋伏并等待”是扁鲨的座右铭。它们是典型的海底动物，由于生物色素细胞的帮助，它们之中有些种类的表皮和沙子一个颜色，有利于进行伪装。不仅如此，它们还会拍动胸鳍将沙子覆盖到自己身上，将自己藏身于沙地里，这时它们的身体唯一外露的部分就只剩眼睛与呼吸孔。真是完美的伪装！

须鲨是喜于埋伏的掠食者，它们会很有耐心地等待发动奇袭的好时机。

扁平的亲戚

及达尖犁头鳐（又叫龙纹鲼）可达 3 米长。

鳐形总目鱼类的身体大多呈扁平的形状，和一般的鲨鱼看起来完全不同，但两者却是如假包换的亲戚。它们和鲨鱼一样，也属于软骨鱼。鳐形总目主要包括鳐科、鲼科、魟科等种类，目前大约有 450 多种在全世界的海洋里悠游。它们中有些鱼的尺寸只有人类的手掌那么大，双吻前口蝠鲼的翼展则宽达 6 米，当它们从潜水者的上方游过时，会让人顿时感到天昏地暗。有的鱼会捕食小型鱼类、海胆或甲壳类动物，最大将近 10 米长的蝠鲼科，则会滤食浮游生物。

有没有尾鳍

包括锯鳐与犁头鳐在内的一些鳐科鱼类，具有背鳍和带有尾鳍的尾巴，它们的外观还算是比较像鲨鱼。其他的种类，如牛鼻鲼与蓝斑条尾魟等，几乎都没有尾鳍，但是鲼科鱼类往往比魟科有更明显的头部。

小心电击！这只太平洋电鳐正在释放电流。

并非总是需要咸水

魟鱼不仅栖息于咸水的海洋，就连在淡水水域也能见到它们的踪迹，例如在南美的亚马孙河及奥里诺科河都有江魟栖息。究竟是如何演变成这样的呢？原来，在 2 亿年前，非洲大陆和南美洲大陆还连在一起，当时巨大的亚马孙河是由东往西流，最后在西部出海，当时的出海口有魟鱼栖息。但后来这两个大陆相互分离，安第斯山脉也在距今约 7000 万年前隆起，从此亚马孙河改往另一个方向出海，一些原本生活在海里的魟鱼从此被阻隔在淡水水域，也因此演化出特殊的品种。

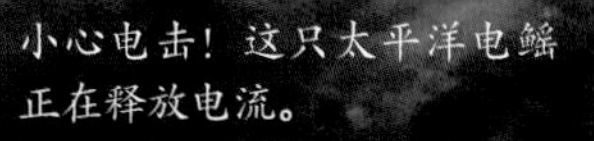

小心电击！这只太平洋电鳐正在释放电流。

牛鼻鲼（又叫叉头燕魟）的鼻孔位于嘴巴上方。

双吻前口蝠鲼（又叫魔鬼鱼）是完全无害的。这种世界最大的扁平鱼既不会放电，也没有刺，更没有毒。

锯鳐会先顶着软骨锯冲进鱼群，接着再捕食那些受伤的鱼。

纳氏鹞鲼（又叫鸭嘴燕魟）喜欢开阔的海洋。它们一般分布于热带与亚热带的海域。

小心毒刺！蓝斑条尾魟（又叫蓝点魟）身上鲜亮的蓝色斑点是一种警告色，借此保护自己。

犁头鳐因为身体形状的关系，又被称为“琵琶鲼”。

海洋里的巨人

令人难忘的精彩表演：魔鬼鱼高高地跃出水面，随后就在拍击水面的巨响中再度没入水里。

几条鮣鱼吸附在魔鬼鱼的腹部。蝠鲼没有尾鳍，它们是依靠胸鳍往前推进的。

蝠鲼的体形虽然庞大，但行动却不失优雅。双吻前口蝠鲼是较大的一种蝠鲼，双翼展开可达 6 米，最重可达 3 吨。由于它们头部的前缘生有一对“角”，因此从前的水手称这种鱼为魔鬼鱼。尽管身形巨大，又带有一张超级大口，不过它们却是无害的海洋生物，甚至允许潜水者靠近它们。它们伸开双翼在海中滑行的模样极为壮丽，要进食时会张大嘴巴游进浮游生物群中，两片肉质头鳍会将富含浮游生物的海水引入口腔，随后海水会由鳃部再流出去。它们的鳃上布有刷毛，借助这些刷毛可将嘴里的浮游生物过滤出来。当蝠鲼表演后空翻时，多半是为了再次穿过同一群浮游生物。如果你有机会去潜水，或许可以在海面附近观察到它们的身影，它们通常都会到这里来觅食，而当它们想要休息时，会下潜到海底附近。

温暖而整洁

蝠鲼以所有热带海域为家，它们多半栖息于海岸附近，那里的海域深度相对较浅。它们会定期拜访礁石附近的清洁站，在那里，它们会让清洁鱼为它们去除依附在皮肤、口腔或鱼鳃上的寄生物。

偷渡客

为了觅食，蝠鲼往往得游上一大段距离。在路途中，鮣鱼会伴随着它们。这些鱼会吸附在蝠魟的下方，并且捕食它们皮肤上的寄生物。不过万一身上搭载了过多这类偷渡客，会妨碍它们前行。当蝠鲼在水里滑行时，往往可以形成庞大的力量，有时它们甚至能借此跃出水面两米高。它们之所以这么做，有可能就是为了要甩掉那些搭便车的家伙。

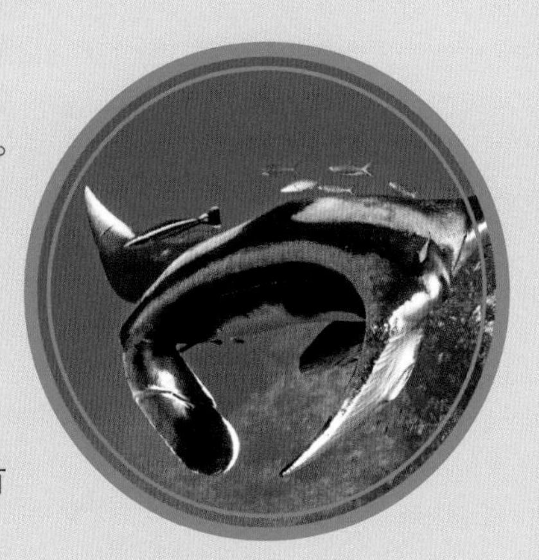

双吻前口蝠鲼也被称为魔鬼鱼。在滤食时，它们的那对“魔角”可以发挥如漏斗般的作用。

银　鲛

这种奇特的生物是鲨鱼和魟鱼的亲戚，它们与这两者一样都没有硬骨，骨骼全都由软骨构成。银鲛喜欢寒冷的水域，相较于浅滩，它们更喜欢深海。一般而言，它们会栖息在海平面以下 200 至 2000 米深的海域。银鲛的上颚往往会呈特殊的形状，看起来有如鹦鹉的鸟喙。但是，不同于鲨鱼与魟鱼，银鲛的鳃和硬骨鱼一样都有鳃盖。

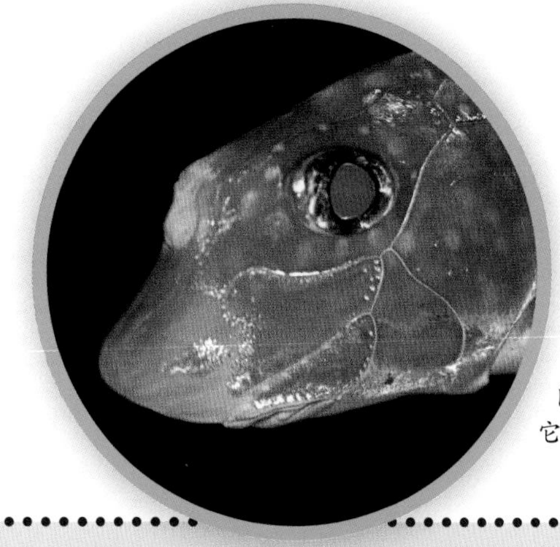

兔银鲛的体形介于 40 至 150 厘米之间。与许多生活在深海的动物一样，它们也喜欢宁静的生活。

古怪的名字适合古怪的生物：凯美拉

在希腊神话中，凯美拉是会喷火的怪兽，它的上半身像狮子、中间像山羊、下半身像毒蛇。海洋生物学家所知道的银鲛（学名即凯美拉）为软骨鱼类，是鲨鱼和魟鱼的亲属，但它们却又具备硬骨鱼的特征。不同于一般的鲨鱼具有 5 对鳃裂，银鲛仅具有 1 对。大多数的银鲛游泳时显得有些笨拙，因为它们会像魟鱼那样拍动自己的胸鳍。在大部分的时间里，它们会用鳍尖支撑着在海底休息。

米氏叶吻银鲛的嘴长如象鼻，里头有十分灵敏的感官。借由它们，米氏叶吻银鲛可在海底搜捕诸如甲壳类或蠕虫等猎物。

兔银鲛又称老鼠鱼，因为它们有条宛如老鼠般的细长尾巴。就连它们的牙齿也不禁令人联想起啮齿动物。兔银鲛的皮肤光滑，在它们的背上长有一根危险的毒刺，它们可以利用这根毒刺来防止敌人靠近。

鲨鱼究竟有多可怕？

一片令人不寒而栗的背鳍划破水面，鲨鱼张开了它的血盆大口，露出恐怖的利牙……接着，海面泛起了一片血红。只要一提到鲨鱼，想必在许多人的脑海里就会浮现《大白鲨》这部有着不幸结局的恐怖片。事实上，鲨鱼故意攻击人类的案例相当罕见，因为人类并不在鲨鱼的菜单里。对鲨鱼而言，我们并不可口，然而不时还是会发生鲨鱼误伤人类的事件，这类事件多半是因为鲨鱼误把人类当成它们经常捕食的猎物所致。

鲨鱼来了怎么办？

在海里游泳、冲浪或潜水，几乎很难完全避免遇到鲨鱼。万一不幸遇上，请先提醒自己：千万别紧张！鲨鱼对所有在水里动个不停的东西都会感兴趣，所以尽量不要有太大的动作，更别用双腿踢水，这时最好放慢呼吸和放松情绪。此外，你必须面向鲨鱼，尽量不要背对它，这是因为有些鲨鱼特别胆小，它们只敢从猎物背后发动攻击。万一发生鲨鱼朝你游过来这种罕见的事，你也千万别慌张游开，这种逃离的动作只有猎物才会采取，如此一来反倒会让鲨鱼误把你当成猎物。总之，基本的准则就是：不要去招惹鲨鱼，它们就不会来咬你！换句话说，千万别离鲨鱼太近，更别去触碰鲨鱼，尽可能与它们保持距离。在潜水时，请绝对不要脱队，并且尽可能慢慢浮上水面。如果你刚好携带水底摄影机，就用机器对准它们，或可以利用潜水鞋把水推向鲨鱼。太好了，现在你有个与鲨鱼交手的好故事，可以和别人分享了！

但我并不想遇上鲨鱼

如果遵守以下几项原则，便可以大大降低与鲨鱼不期而遇的风险。在有鲨鱼出没的海域，最好别在清晨或黄昏时分下水游泳，因为多数鲨鱼在这些时段觅食。那些会闪闪发亮的首饰最好留在岸上，因为鲨鱼可能会误以为那是鱼鳞所造成的亮光。即使血液的浓度十分稀薄，鲨鱼仍是可以尝得出、闻得到，因此就算身上的伤口很小，最好还是待在岸上或船上比较安全。受伤的动物会挣扎，从而传送出颤动的波，为了避免被鲨鱼误以为是唾手可得的猎物，要尽量避免突然在水中做出猛烈的动作。此外，当鱼群游过或渔船驶过时最好提高警觉，因为鲨鱼往往就在不远处。

椰子比鲨鱼更危险！

因遭受鲨鱼攻击而丧命的风险究竟有多高呢？全世界每年有将近 10 人因遭受鲨鱼的攻击而丧生，与此相比，椰子显然要危险多了！因为全世界每年有将近 150 人被落下的椰子砸死，有将近 4 万人被毒蛇咬伤致死，更有超过 200 万人因蚊子叮咬感染疟疾而过世。

广受欢迎却也饱受争议的鲨鱼喂食。尽管在喂食时人类与鲨鱼十分接近，不过这些掠食者倒是习以为常，即使有别的潜水者前来喂食，它们也会大方地过来要食物。

你知道吗？

每年有将近 1 亿条鲨鱼死于人类之手，可是被鲨鱼咬死的人大约只有 10 个。到底谁对谁的危害比较大呢？

是不是鲨鱼？

在海面看到背鳍并非都意味着鲨鱼来了，有时你看到的只是贪玩的海豚所露出的背鳍，有时可能是雨伞旗鱼的背鳍，甚至可能只是蝠鲼在翻身时露出的大鳍末端。而像象鲨这种巨型的滤食动物，也是完全无害的。不过，假如真的看到大白鲨，就要提高警觉了！

被猎杀的猎手

一条猫鲨不幸被渔网缠住，最终只能痛苦地窒息而死。

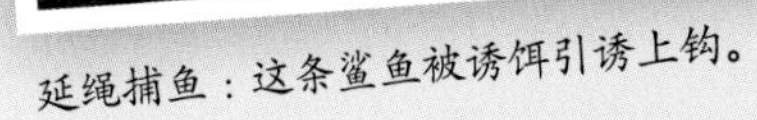

延绳捕鱼：这条鲨鱼被诱饵引诱上钩。

鲨鱼也是有天敌的，但最大的天敌莫过于人类。人类会有计划性地猎捕鲨鱼，主要的工具是大型拖网，或是绵延数千米长、布满上千个带有诱饵的鱼钩的“延绳”，一些休闲垂钓者也会利用特殊的钓竿捕捉鲨鱼。许多人喜欢与这些被捕杀的海中“杀手”合影，来证明当年的身手是多么矫健！此外，有些时候人类虽然并非出于故意，但仍会造成鲨鱼的死伤，例如误闯渔网的鲨鱼，意外地与其他鱼类一起被捕捞上岸。另一方面，大型渔船将大海劫掠一空，抢走了鲨鱼赖以生存的食物，换而言之，过度的海洋捕捞剥夺了鲨鱼的生存基础，同样也会造成鲨鱼的大量死亡。

沦为食物

人类每年从海里捕捞将近 1 亿条鲨鱼，其中约有 7000 万条会被用刀割下鱼鳍。这些虽然还活着、却严重受伤的鱼体被丢回海里，在失去游泳能力的情况下，这些鲨鱼只能沉入海底，最终在伤痛中死去。特别是在亚洲许多国家，鲨鱼的鳍往往被加工成传统药材或烹煮成鱼翅羹，由于这种羹汤被视为珍贵的美食，因此鲨鱼的鳍可以换得大笔的金钱，然而鲨鱼鳍本身并不可口。其实德国人也吃鲨鱼，只不过不用鲨鱼这个名字，德文里的 Schillerlocken（原意为奶油蛋卷，指熏鲨鱼干）与 Seeaal（字面为海鳗之意）用的就是狗鲨的肉。如果你想保护鲨鱼，那么最好注意一下，在你盘子里的食物究竟是什么东西！

当心！有毒！

除了前面的说明以外，基于另一项理由，我们最好不要吃鲨鱼！由于鲨鱼位居海洋生态塔的顶端，因此会有大量各式各样的毒素囤积在它们的肉里，例如对人体有害的汞。这些有毒物质有的是来自人类排入大海的污水，有的是来自轮船的保护涂层。受到污染的海洋会对鲨鱼造成严重的伤害，因为这些有毒物质会降低它们的免疫力。

幼鲨的生存

幼鲨需要一个安全的成长环境，好让它们能顺利长大。为了不让幼鲨被较大的鲨鱼吃掉，怀孕的母鲨会游到浅湾，在那里产卵或分娩幼鲨。这些海域不利于体形较大的鲨鱼出入，对幼鲨来说是理想的成长环境，然而如今母鲨却越来越难找到适合幼鲨成长的避难区，一旦人类破坏红树林或珊瑚礁，连带着也会毁掉鲨鱼的“育婴房”。

1965 年，渔民骄傲地将捕捉到的鲨鱼捞上船。如今我们才明白，鲨鱼是海洋生态至关重要的一环。

令人质疑的休闲活动：一位休闲垂钓者钓到了一条鲨鱼。

你知道吗?

鲨鱼的生存正面临严重的威胁！在已知的400至450多种鲨鱼里，有100多种鲨鱼正面临着灭绝的危机。

在全球许多地方，鲨鱼被人类有计划地猎杀。这条鲨鱼由于身上的软骨鱼鳍而遭到猎捕。在许多亚洲国家，鱼翅羹被视为珍贵的佳肴。

鲨鱼死亡，海洋也会跟着死亡

鲨鱼的怀孕期相当的长，通常一胎只会产下2至100条后代，这样的数量看似不少，但是和硬骨鱼动辄产下上百万颗卵相比，可以说是小巫见大巫。某些鲨鱼的族群规模一旦缩小，要再恢复得花上很长的时间，万一缩减的情况十分严重，恐怕就再也没有机会恢复平衡。如今鲨鱼已经无法承担海洋生态维护者这个重要角色，后果之一便是深受世人喜爱的缤纷珊瑚礁，也将逐渐步上鲨鱼的后尘。一些相关的科学研究显示，当一座珊瑚礁不再有鲨鱼活动，在短短一年之内就会死亡。

残忍！一位渔民正要割下这只黑尾真鲨的鳍。这些鱼鳍会先被晒干，再销往市场。

无谓的牺牲：一个摆满鱼翅的橱窗。

我们问，鲨鱼答

姓名：巨口鲨
类型：大嘴巴
嗜好：吃虾子和打呵欠

请你原谅……不过像你这样的长相还真是不多见，况且我也需要一点时间来接纳你的大名。

世人称我为巨口鲨，这完全是因为我的外表。我的拉丁文学名是“Megachasma pelagios”，意思就是“大海里的大呵欠”，这形容真是够贴切。哈哈……

巨口鲨这个名字听起来好像很可怕。

这得看情况。如果你是磷虾，当然就会觉得很可怕。我会吃浮游生物与磷虾，还会配上一点小鱼。当然啦，我也会吃其他同样在水里游来游去的小生物，虽然都是些小东西，不过它们的数量却十分庞大。

我们人类是从 1976 年起才认识你，为何你如此罕见？

人类只会让我心烦，我宁可对你们敬而远之。

你每天都是怎么过的？

游泳、打呵欠，游泳、打呵欠……诸如此类。而且我做任何事总是慢吞吞地。

哦，游泳啊！这倒是挺有意思的。你都游去哪里呢？

我总是跟在红虾后头。我喜欢吃小虾，小虾游到深处，我就跟着游到深处，小虾游向浅处，我也会跟着游向浅处。一般来说，白天我会待在较深的水域，到了夜晚才会游到浅处。除此之外，我其实不喜欢凑热闹，我总是喜欢找个隐蔽的地方待着。这会儿，我得再去觅食了……

好的，祝你用餐愉快并且有个好梦！

你就是那著名的……

令人闻风丧胆的大白鲨！朋友们都叫我“Carcharodon carcharias”，这是拉丁文，不好笑吗？我知道，我不大会讲笑话。没有人觉得我有喜感，大家只会对我感到害怕。

姓名：大白鲨
类型：美食家
嗜好：展示满口的利牙

大家都说，你是个嗜血的掠食者。

嗜血？不！掠食者？没错！我甚至是个超级掠食者，是顶级的掠食者。听起来很不错吧？

顶级掠食者？听起来好像好莱坞的电影。

别把我跟好莱坞，还有那个史蒂文·斯皮尔伯格扯在一起！这部电影里里外外都有待商榷……哦，天啊，他其实应该先跟我见个面的！

所以说，你不会吃人啦？

你晓得人肉吃起来是什么味道吗？先别说你们的脂肪少得可怜，还经常包在这样的橡胶套里呢！

你指的是橡胶潜水衣吗？

没错！我可不喜欢这口味。海豹吃起来可口多了。

有没有什么话要对我们的读者说？

游完泳后千万要擦干脚趾缝！还有，绝对不要尿在水里……

我可从来没这么做过！

你就老实承认吧！大家都这么做，每个人！我尝得出来。对了，也别碰我的鳍！还有，万一遇上我，千万要保持冷静！

名词解释

头形怪异的路氏双髻鲨。

食腐动物：以动物的尸体或其他掠食者吃剩的猎物为食的动物。

浮　力：在水中与重力方向相反、往上的力。在鲨鱼身上，诸如充满油脂的肝脏，以及在游泳时能发挥如机翼般作用的胸鳍，都能提供它们在水里活动时所需的浮力。

触　须：位于鱼类嘴部附近的感测器，能帮助鱼类觅食。

银　鲛：与鲨鱼及魟鱼有亲属关系的软骨鱼。取名自希腊神话里由三种动物混合而成的一种怪兽。

盾　鳞：鲨鱼皮上状似小牙齿的一种“鳞片”。虽然它们让鲨鱼皮粗得像砂纸，但却能在鲨鱼游泳时降低水的阻力。

卵　囊：护住一个正在成长的鲨鱼胚胎的皮质包膜。

胚　胎：动物在出生之前的一个早期生长阶段。

演　化：借由长时间改变，进而形成新的生物物种的自然过程。在这样的过程中，生物会去适应不断改变的生存条件。

滤食动物：利用鳃耙结构截取水中的微小食物的海洋动物。这些微小食物有可能是植物性或动物性的浮游生物，也有可能是磷虾或较小型的鱼类。

化　石：从前的生物所留下的被石化的遗体或痕迹。远古的鲨鱼多半只留下牙齿的化石。

鳃：鲨鱼等鱼类用以呼吸的器官，借助鳃来获取溶解在水中的氧气。

硬骨鱼：具有至少一部分由真正的骨（相对于软骨而言）组成的骨骼。

寄生物：存活在其他生物（又称宿主）体表或体内的生物，它们往往会对宿主造成损伤。

软　骨：构成鲨鱼与魟鱼骨骼的物质，虽然可以弯曲却相当牢固。人类的外耳与鼻尖同样由这种物质构成。

磷　虾：状似虾子的小型海洋动物，总是一大群一起出现。包括鲸鲨和蓝鲸在内的一些大型滤食动物都以磷虾为食。

罗伦氏壶腹：分布于鲨鱼头部的高度灵敏感官。鲨鱼不仅利用它们来感知电场，还用它们来搜寻躲藏起来的猎物。

巨齿鲨：远古的巨型鲨鱼。距今大约 2000 万年前，地球上首次出现了巨齿鲨。它们很有可能是大白鲨的祖先。

图片来源说明 /images sources：
Bildquellennachweis：Buyle，Fred：4中右，4上右，5下右；ddp images GmbH：15上左，15中左，30中右，36下中；FOCUS Photo-und Presseagentur：9上右（D. Roberts/Science Photo Library/Agentur Focus），9中（Meckes/Ottawa/eye of science/Agentur Focus），10上右（Christian Darkin/Science Photo Library)，10下左（Christian Darkin/Science Photo Library），11背景图（Christian Darkin/Science Photo Library)，25中右（Luisa Murray/Science Photo Library）；Getty：35中中（Tauchboot Alvin：Ralph White/The Image Bank），38上左（Zwei Adlerrochen：Michele Westmorland）；Image Professionals GmbH（spl）：25上右（Science Photo Library/David Scharf）；iStock：3中右（renacal1），20中右（Robben：Qu1ckshot），39上中（crisod）39下左（crisod），40上左（renacal1）48上右（cdascher）；Nature Picture Library：左（NEGAPRION BREVIROSTRIS），7中右（Doug Perrine），18上中（Solvin Zankl），18上右（Solvin Zankl），19下左（Bruce Rasner/Rotman），23上左（Brandon Cole），28上右（Geburt Zitronenhai：Doug Perrine），29中右（Eihülle Bambushai：David Fleetham），29下右（Schwellhaiei：Brandom Cole），33下右（Alex Mustard），46上右（Bruce Rasner/Rotman）；picture alliance：2上右（Franco Banfi/WaterFrame），2下右（Borut Furlan/WaterFrame），4-5背景图（blickwinkel/H. Goethel），4下右（Franco Banfi/WaterFrame），5下左（epa Ministerio Medio ambiente/Handout），6下左（Kragenhai：dpa/epa/Awashima Marine Park），6上（Riesenhai：Photoshot/Ocean Images/Charles Hood），6下右（Teppichhai：Minden Pictures/Fred Bavendam），6-7中（Weisser Hai：Minden Pictures/Norbert Wu），7中左（Nasenhai：NHPA/Avalon.red/Paulo de Oliveira），7下左（Portugiesendornhai：NHPA/Avalon/Paulo de Oliveira Paulo de Oliveira），7上右（Walhai：NHPA/Avalon.red/Paulo de Oliveira），7下右（Engelhai：WILDLIFE/D.Burton），8中右（Kiemen：Norbert Wu），8上右（Tigerhai：imageBROKER/Michael Weberberger），10中右（Tom Stack/WaterFrame），11下中（Gebiss：dpa/Christoph Schmidt)，12下左（Photoshot），12上右（Minden Pictures/Flip Nicklin），12中右（Wolfgang Pölzer/WaterFrame），13中左（Revolvergebiss：OKAPIA KG，Germany/Jeffrey Rotman），13下右（OKAPIA KG，Germany/Jeffrey Rotman），14上右（Wolfgang Poelzer/WaterFrame），14中右（Auge Weisser Hai：blickwinkel/AGAMI/V. Legrand），14中右（Schwellhaiauge：Minden Pictures/Flip Nicklin），14下右（Design Pics/Pacific Stock/Dave Fleetham），15上右（Mary Evans Picture Library/Ralf Kiefner/ardea.com)，16-17背景图（Franco Banfi/WaterFrame)，16上右（Minden Pictures/Tui De Roy），16下右（Mary Evans Picture Library/Pat Morris/ardea.com），17中右（Manuela Kirschner/WaterFrame），18中右（Pflanzl. Plankton：blickwinkel/F. Fox），18下左（Mary Evans Picture Library/Douglas David Seifert/ardea.co），18下右（Reinhard Dirscherl），21中右（Fischeier：Borut Furlan/WaterFrame)，21下右（Fischlarven：Wildlife/NWU），21下左(Ruderfußkrebs：Tom Stack/WaterFrame），22下右（Minden Pictures/Chris Newbert），23下右（Reinhard Dirscherl），25上左（Borut Furlan/WaterFrame），25下右（Franco Banfi/WaterFrame），26上左（Beatmung Hai：empics/Riley Smith），26上中（Sender：Minden Pictures/Pete Oxford），26下右（Minden Pictures/Mike Parry），27下右（Minden Pictures/Pete Oxford），28上左（Riffhai：Rodger Klein/WaterFrame），28上右（Embryo Katzenhai：Minden Pictures/Heidi & Hans-Juergen Koch），28下右（Minden Pictures/Norbert Wu），29中中（Eikapsel Katzenhai：Borut Furlan/WaterFrame），30下左（Mary Evans Picture Library/Ron and Valerie Tayor/ardea.c），30下中（Surfbrett：Mary Evans Picture Library/Adrian Warren/ardea.com），31下左（Wildlife/NWU），31上右（Photoshot），31下右 (Minden Pictures/Fred Bavendam），32中右（AP Photo/Keith A. Ellenbogen），32下中（dpa/Holger Hollemann），33上右（Wildlife/NWU），33背景图（Reinhard Dirscherl），33上中（Seelöwe：Image Source），33中右（Zackenbarsch：Mary Evans Picture Library/Ron &/Valerie Taylor/ardea），34中右（epa Awashima Marine Park），34上右（Heringshai：NHPA/Avalon/Paulo de Oliveira），34下（Grönlandhai：© Oceans Image/Photoshot/Saul Gonor），35上右（Nasenhai：NHPA/Avalon.red/Paulo de Oliveira），36上右（Alex Herstitch/Okapia），36中中（Weisser Hai：All Canada Photos/Wayne Lynch），37上右（Daniela Dirscherl/WaterFrame），37上中（Teppichhai：Minden Pictures/Fred Bavendam），37上左（Mary Evans Picture Library/Ron &/Valerie Taylor/arde），38中右（Kalifornische Zitterrochen：Avalon.red/Paulo de Oliveira），38下右（Marmor-Zitterrochen：Reinhard Dirscherl），39下右（NHPA/Photoshot/Michael Patrick O ‘Neill)，39中左（Sägerochen：Minden Pictures/Norbert Wu)，41上中（Andre Seale/WaterFrame），41中左（Wildlife/NWU），41下（Seekatze：David Wrobel/OKAPIA），42上右（Taucher：Westend61/Copyright © 2013 Guido Floren - All rights reserved），42-43背景图（Tobias Friedrich/WaterFrame），43下 (Delfinflosse：Wildlife/M. Carwardine），43下（Fächerfisch：Reinhard Dirscherl），43下 （Flosse Riesenhai：Wildlife/C. Gomersall），43上右（Surfbrett：AP Photo/David Middlecamp），43中右（Weisser Hai：Minden Pictures/Norbert Wu），44上（Hai im Netz：Borut Furlan/WaterFrame），44中右（Fang 1965：United Archives/Erich Andres)，45中（dpa），45上（Jeffrey L. Rotman)，45中右（Wildlife/J. Freund），45下右（Paul_Hilton；SeaPics.com，Inc.：32上（BluePlanetArchive/Ingrid Visser）；Shutterstock：2中左（Weisser Hai：VisionDive），3中左（Adlerrochen：Anita Kainrath），3上右（Weisser Hai：Alessandro De Maddalena），3下右（Weisser Hai：Jsegalexplore），6-7背景图（Wasser：Rostislav Ageev），8-9背景图（Sakala）， 11上右（Mark Kostich），13上（Weisser Hai：VisionDive），13下中（Zahnpflege：Maui Topical Images）， 14背景图（Croisy），15中中（Tepichhai：Aaronejbull87），15下中（Barteln：Tomas Kotouc），16中右（zaferkizilkaya），19上左（Dudarev Mikhail），19背景图（Walhai：David Evison)， 20-21背景图（MidoSemsem)，20-21下（Qualle：Svetlana Foote)，21上右（Phytoplankton：F. Neidl），22上（Weisser Hai：Jsegalexplore），24上（OutdoorWorks）， 24下右（Santi Peloche），29上中（Zeichnung Eikapsel：Morphart Creation）， 30-31背景图（Amanda Nicholls），30上右（Weisser Hai：Alessandro De Maddalena），37背景图（Ethan Daniels），37下左（Auge Engelhai：valda butterworth），38下左（Brad Thompson），38上右 (Rui Manuel Teles Gomes），38-39背景图（aaltair），39中右（Adlerrochen：Anita Kainrath），40上右（Rich Carey），40下右（Soren Egeberg Photography），43中（James Steidl），43下右（Flosse Weisser Hai：Sergey Uryadnikov），44上右（Langleinenfischerei：Sergey Uryadnikov），44下右ur（Sportangler：Maridav），46上右（ntstudio），46上右（StrelaStudio），46-47下（Rich Carey），47上右（Weisser Hai：Jsegalexplore），47上右（Rahmen：ntstudioi）；Sol90images：8-9中（Sol90images）；textetage：26-27上；Thinkstock：6中左（Ian Scott），20下左（Weisser Hai：Linda Bucklin），20中右（Oktopus：Jiri Hera），20下右（Kalmar：Volosina），20下中（Thunfisch：LUNAMARINA），21（Edward Westmacott），21（filipe varela），35下右（Dorling Kindersley）；Wikipedia：5上（CC BY-SA 3.0/Shadowxfox），6下中（Zigarrenhai：Public Domain/NOAA Observer Project），35下左（Zigarrenhai：Public Domain/NOAA Observer Project）

封面图片：Safonov，Alexander：U1；Nature Picture Library：U4（Juan Carlos Munoz)

设计：independent Medien-Design

内 容 提 要

本书介绍了鲨鱼这种海洋里的凶猛猎手，在这里我们将认识不同的鲨鱼，了解鲨鱼的生态，熟悉与鲨鱼相似的海洋动物，探讨鲨鱼与人类的关系，在这里，关于鲨鱼的疑问都将得到解答。《德国少年儿童百科知识全书·珍藏版》是一套引进自德国的知名少儿科普读物，内容丰富、门类齐全，内容涉及自然、地理、动物、植物、天文、地质、科技、人文等多个学科领域。本书运用丰富而精美的图片、生动的实例和青少年能够理解的语言来解释复杂的科学现象，非常适合7岁以上的孩子阅读。全套图书系统地、全方位地介绍了各个门类的知识，书中体现出德国人严谨的逻辑思维方式，相信对拓宽孩子的知识视野将起到积极作用。

图书在版编目（CIP）数据

鲨鱼家族 /（德）曼弗雷德·鲍尔著 ; 王荣辉译
. -- 北京 : 航空工业出版社, 2021.10（2024.11 重印）
（德国少年儿童百科知识全书 : 珍藏版）
ISBN 978-7-5165-2754-2

Ⅰ. ①鲨… Ⅱ. ①曼… ②王… Ⅲ. ①鲨鱼－少儿读物 Ⅳ. ①Q959.41-49

中国版本图书馆 CIP 数据核字（2021）第 200045 号

著作权合同登记号
图字 01-2021-4050

Haie. Im Reich der schnellen Jäger
By Dr. Manfred Baur

鲨鱼家族
Shayu Jiazu

航空工业出版社出版发行
（北京市朝阳区京顺路5号曙光大厦C座四层　100028）
发行部电话：010-85672663　010-85672683

鹤山雅图仕印刷有限公司印刷　　全国各地新华书店经售
2021年10月第1版　　2024年11月第8次印刷
开本：889×1194　1/16　　字数：50千字
印张：3.5　　定价：35.00元

船的故事
从独木舟到远洋邮轮

飞机的秘密
人类飞行的梦想

火山探秘
来自地底的火焰

七大奇迹
上古时期的宝藏

汽车世界
精彩的汽车发展史

鲨鱼家族
海洋里的凶猛猎手

百变天气
阳光、风和暴雨

穿越大自然
探究与保护

鲸和海豚
海洋里的哺乳动物

恐龙王国
永远消失的地球霸主

矿物与岩石
闪闪发亮的宝藏

爬行与两栖动物
壁虎、林蛙和巨蜥

大自然的力量
难以估量的威力

改变世界的电
高电压与超导体

各种各样的鱼
水下的奇妙世界

猫的家族
拥有柔软脚爪的敏捷猎手

奇境森林
动物和植物的天堂

忠诚的狗
四只爪子的英雄

浩瀚宇宙
宇宙的秘密

狼的故事
走进荒野猎食者的领地

蚂蚁和白蚁
了不起的建筑师

美丽的蝴蝶
色彩斑斓的自然精灵

蜜蜂和胡蜂
美味的蜂蜜与可怕的螫针

潜水的魅力
潜入水下的迷人世界

古老的希腊文明
神话、英雄和诗人

古罗马生活
古罗马城的社会百态

欧洲风情
人口、国家和文化

骑士时代
城堡、比武大会和贵族文化

舞动的音符
走进音乐的奇妙世界

古老的城堡
中世纪的见证

熊的秘密生活
棕熊、大熊猫、北极熊

化石档案
生命的痕迹

奇妙的昆虫
六条腿的生存艺术家

极地世界
生活在冰雪王国

神秘的蜘蛛
丝线上的猎手

大象王国
温和的“巨人”

海底宝藏
沉没的宝藏

海洋之谜
海洋研究与保护

火星登陆
红色星球定居计划

忙碌的农场
动物、植物与农业机械

时尚魅影
时尚的古与今

全球气候
冰期和气候变化